Felix Baumann

Suchmaschinenoptimierung

Betrachtung des Online-Marketing-Tools am Praxisbeispiel eines Internet-Portals

Diplomica Verlag GmbH

Baumann, Felix: Suchmaschinenoptimierung: Betrachtung des Online-Marketing-Tools am Praxisbeispiel eines Internet-Portals. Hamburg, Diplomica Verlag GmbH 2013

Buch-ISBN: 978-3-8428-9645-1
PDF-eBook-ISBN: 978-3-8428-4645-6
Druck/Herstellung: Diplomica® Verlag GmbH, Hamburg, 2013

Bibliografische Information der Deutschen Nationalbibliothek:
Die Deutsche Nationalbibliothek verzeichnet diese Publikation in der Deutschen Nationalbibliografie; detaillierte bibliografische Daten sind im Internet über http://dnb.d-nb.de abrufbar.

Hermannstal 119k, 22119 Hamburg
http://www.diplomica-verlag.de, Hamburg 2013
Printed in Germany

Zusammenfassung

In der vorliegenden Arbeit wird der Status Quo der empirischen Erkenntnisse zur Suchmaschinenoptimierung als Teil des Online-Marketings beschrieben. Als Praxisbeispiel dient das Internet-Portal „Wohnen-im-Alter.de". Zunächst werden wichtige Begrifflichkeiten definitorisch abgegrenzt und Mehrdeutigkeiten erläutert. Im Anschluss erfolgt eine Einführung in das innovative Geschäftsfeld Internet. Der Suchmaschinen-Zielmarkt wird mit Hilfe einer SEO-Branchenstrukturanalyse genauer beschrieben. Ein besonderer Fokus der Arbeit liegt auf einer Analyse der wichtigen Rankingfaktoren, die am Praxisbeispiel verdeutlicht werden. Dabei wird der Prozess der Optimierung von Keyword-Analyse bis hin zu On- und Off-Page Methoden verfolgt und die Richtlinienkonformität kritisch hinterfragt. Abschließend werden verschiedene Datenquellen betrachtet, um die Relevanz einzelner Optimierungsmaßnahmen abwägen zu können.

Keywords: Online-Marketing-Mix, Suchmaschinen Marketing, Suchmaschinenoptimierung, Keyword Analyse, SEO-Branchenstrukturanalyse, On-Page Optimierung, Off-Page Optimierung, Abwägung der Rankingfaktoren

Abstract

This working paper describes the status quo of the empirical findings on search engine optimization as part of online marketing. It implements a practical example, the Internet-Portal "Wohnen-in-Alter.de". Initially, important concepts are defined and definitional ambiguities explained, followed by an introduction into the innovative Internet business segment. The search engine target market is described in more detail with the help of an SEO industry structure analysis. The focus of the work lies on an analysis of important ranking factors illustrated by the practical example. The process of optimization is explained starting with a keyword analysis and finishing with On-Page and Off-Page methods and the policy compliance critically questioned. Finally, various data sources are considered to assess the relevance of specific optimization measures.

Keywords: Online-Marketing-Mix, Search Engine Marketing, Search Engine Optimization, Keyword Analysis, SEO Industry Structure Analysis, On-Page Optimization, Off-Page Optimization, Consideration of Ranking Factors

Inhaltsverzeichnis

Abbildungsverzeichnis X

Tabellenverzeichnis X

Abkürzungsverzeichnis XI

Variablenverzeichnis XII

Danksagung XIII

Vorwort XIII

1 Einleitung 15

1.1 Zielsetzung 16

1.2 Beschreibung des Praxisbeispiels 16

2 Theoretische Grundlagen 19

2.1 Definitorische Grundlagen 19

2.1.1 Website, Internetseite und Domain 19

2.1.2 Suchmaschinenoptimierung (SEO) 19

2.1.3 Suchmaschinenwerbung (SEA) 19

2.1.4 PageRank 20

2.1.5 Konversionsrate (CR) 20

2.1.6 Klickrate (CTR) 20

2.1.7 Unique Content 21

2.2 Bedeutung der Suchmaschinen in der Internetökonomie 21

2.2.1 SEO und SEA innerhalb einer Suchergebnisseite 22

2.3 Portale als Teil der Inhalteanbieter-Branche im Internet 25

2.3.1 Geschäftsmodell Content 26

2.3.2 Internet-Portale 27

3 Zielmärkte und Zielgruppen in Suchmaschinen 29

3.1 Mehrseitige Märkte 29

3.2 Keyword-Zielgruppen 31

3.3 SEO-Branchenstrukturanalyse 33

3.3.1 Wettbewerber 33

3.3.2 Neue Konkurrenten in den Suchergebnisseiten 35

3.3.3 Verhandlungsmacht der Lieferanten und Abnehmer 36

3.3.4 Ersatzprodukte 36

4 Suchmaschinenmarketing als Teil des Online-Marketing-Mix 37

4.1 Digitalisierbare Produkte 38

4.2 Individuelle Preise 39

4.3 Globale Distribution 40

4.4 Internet Promotion ... 41
4.5 Treffer Marketing ... 43
4.5.1 SEO ... 43
4.5.2 SEA ... 44
4.6 Soziales Marketing ... 45
5 Suchmaschinenanbieter und deren SEO-Richtlinien ... 47
5.1 Wichtigste Suchmaschinenanbieter in Deutschland ... 47
5.2 Funktionsweise ... 47
5.2.1 Datengewinnung ... 48
5.2.2 Relevanzberechnung indexierter Daten ... 49
5.3 Richtlinien der Anbieter ... 49
5.4 Ziele der Suchmaschinenoptimierung ... 51
5.4.1 Primärziel ... 51
5.4.2 Sekundärziele ... 51
5.5 Prozessschritte der Suchmaschinenoptimierung ... 53
5.6 Keywordanalyse ... 54
5.6.1 Website-interne Analyse ... 54
5.6.2 Website-externe Analyse ... 55
5.6.3 Longtail Keywords ... 56
6 On-Page Methoden der SEO ... 59
6.1 Crawlability ... 59
6.1.1 Dynamische Elemente ... 60
6.1.2 Verbesserung der Crawlability und Restriktionen ... 60
6.2 Websitegeschwindigkeit ... 62
6.3 HTML-Programmierung ... 62
6.3.1 Elemente im HTML-Kopfbereich ... 62
6.3.2 Elemente im HTML-Körperbereich ... 64
6.4 Content Generierung ... 66
6.4.1 Landingpages ... 66
6.4.2 Textgestaltung und Keyword Dichte ... 67
6.4.3 Keyword Kanibalisierung ... 68
6.5 Interne Verlinkungsstruktur ... 69
6.5.1 Das Linkjuice-Konzept ... 69
6.5.2 Link-Sculpting ... 69

6.6 Richtige Verwendung von URLs ... 70
6.6.1 Kryptische und explizite Formen von URLs ... 70
6.6.2 Anker Texte ... 71
7 Off-Page Methoden der SEO ... 72
7.1 PageRank ... 72
7.2 Externer Linkaufbau ... 73
7.2.1 Natürlicher Linkaufbau ... 74
7.2.2 Gesteuerter Linkaufbau ... 76
7.3 Domaingebundene Faktoren ... 78
7.3.1 Domainname ... 78
7.3.2 TrustRank und BadRank ... 79
7.3.3 Historie ... 80
7.4 Social Signals ... 80
7.5 Abwägung aller Faktoren ... 83
8 Fazit ... 87
8.1 Abschließende Betrachtung ... 87
8.2 Die Zukunft der Suche ... 88
Quellenangaben ... XV
Literaturangaben ... XV
Online Ressourcen ... XVII
A Anhang ... XXIII
A.1 Berechnung des seocom am Praxisbeispiel ... XXIII
A.2 Spekulation über die Berechnung des BadRank ... XXIII
A.3 Beispiel zum Wechsel von statischen zu dynamischen Seiten ... XXIV
A.4 Das F-Profil – Aufmerksamkeitsverteilung der Benutzer auf SERPs ... XXIV
A.5 Die natürlichen Linkpyramide ... XXV
A.6 Probleme der Verknüpfung zwischen SEO und Social Media Marketing ... XXV
A.7 Ansichten des Google Webmaster Tools ... XXVI

Abbildungsverzeichnis

Abb. 1.1: Das Leistungsangebot der Wohnen im Alter Internet GmbH 17
Abb. 2.1: Zusammenhang von Domain, Website und Internetseiten 19
Abb. 2.2: Analyse der Suchmaschinenergebnisseite (SERP) am Beispiel von Google 23
Abb. 3.1: Mehrseitige Märkte am Beispiel der Wohnen im Alter Internet GmbH 30
Abb. 3.2: Die Netzwerkeffekt Spirale für Rankings von Portal-Websites 31
Abb. 4.1: Das DIGITS Model – Der Online-Marketing-Mix als Erweiterung der „4P's" 38
Abb. 4.2: n:n Kommunikation innerhalb der sozialen Medien 46
Abb. 5.1: Vergleich: Studien zu Marktanteilen der Suchmaschinen in Deutschland 47
Abb. 5.2: Funktionsweise von Suchmaschinen 48
Abb. 6.1: Prozessschritte der Suchmaschinenoptimierung 53
Abb. 6.2: Ansicht des Google Adwords Keyword Tool 55
Abb. 6.3: Ansicht des Google Trend Tool 56
Abb. 6.4: Korrelation von Longtailkeywords und Konversionsrate 57
Abb. 7.1 Websitestruktur am Praxisbeispiel 61
Abb. 7.2: Kopfbereich im Seitenquelltext und Suchergebnis am Praxisbeispiel 63
Abb. 7.3: HTML-Körperbereich und Anzeige auf der Seite am Praxisbeispiel 65
Abb. 8.1: Verlinkungswürdigkeit von Inhalten 75
Abb. 8.2: Natürlicher und Gesteuerter Linkaufbau 76
Abb. 8.3: Übersicht der Abwägung aller Rankingfaktoren 85
Abb. A.1: Duale Nutzung von HTML und Flash am Beispiel ZDF XXIV
Abb. A.2: Das F-Profil auf Suchmaschinenergebnisseiten XXIV
Abb. A.3: Ideales Linkprofil anhand der natürlichen Linkpyramide XXV
Abb. A.4: Verknüpfung von Facebook-Präsenz und Website von Wohnen-im-Alter.de XXV
Abb. A.5: SEO-relevante Analysen in den Google Webmaster Tools XXVI

Tabellenverzeichnis

Tab. 1: Klickraten der verschiedenen Rankingpositionen 25
Tab. 2: Geschäftsmodell Content im Internet 27
Tab. 3: Die Relevanz von Websites einer Keywordbranche 34
Tab. 4: Hinweise von Google zur Suchmaschinenoptimierung 83
Tab. 5: Berechnung des SEO-Wettbewerbs am Praxisbeispiel (seocom) XXIII

Abkürzungsverzeichnis

BR	BadRank
BVDW	Bundesverband Digitale Wirtschaft e.V.
CCS	Cascading Style Sheets (Dt.: Stufenförmige Gestaltungsvorlagen)
ccTLD	Country Code Top-Level-Domain (Länderspezifische Top-Level-Domain)
COLT	Content, Optimization, Links, Time (Dt.: Inhalte, Optimierung, Links, Zeit)
Corp.	Corporation (US Unternehmensrechtsform)
CR	Conversion Rate (Dt.: Konversionsrate)
CTR	Click-Trough-Rate (Dt.: Klickrate)
DMEXCO	Digital Marketing Exposition & Conference
FTP	File Transfer Protocol (Dt.: Dateiübertragungs-Protokoll)
HTML	Hypertext Markup Language (Dt.:: Hypertext Auszeichnungssprache)
Inc.	Incorporated (US Unternehmensrechtsform)
IT	Information Technology (Dt.: Intelligente Technologie)
OVK	Online Vermarkter Kreis
PR	PageRank
PR	Public Relations (Dt.: Öffentlichkeitsarbeit)
SEA	Search Engine Advertising (Dt.: Suchmaschinenwerbung)
SEM	Search Engine Marketing (Dt.: Suchmaschinenmarketing)
SEO	Search Engine Optimization (Dt.:: Suchmaschinenoptimierung)
SERP	Search Engine Result Page (Dt.: Suchmaschinenergebnisseite)
SMO	Social Media Marketing
sTLD	Sponsored Top-Level-Domain (Dt.: Gesponsorte Top-Level-Domains)
TLD	Top-Level-Domain (Dt.: Domain oberster Ebene)
URL	Uniform Resource Locator (Dt.: Einzigartiger Ressourcen Lokator)
USP	Unique Selling Proposition (Dt.: Einzigartiges Verkaufsargument)
WWW	World Wide Web (Internet)

Variablenverzeichnis

CR	Conversion rate (Dt.: Konversionsrate)
Z	Ziel
T	Traffic (Dt.: Gesamtbesucherzahl)
CTR	Click-Through-Rate (Dt.: Klickrate)
C	Anzahl an Klicks
I	Anzahl der Impressionen
y	Anzahl betrachteter SERPs
$\propto$	Wettbewerbsrelevanz
i	Anzahl relevanter Keywords
s	Anzahl unterschiedlicher Websites für alle n Keywords,
a	Anzahl aller Sucherergebnisse
PR	PageRank
BR	BadRank
$C(T_i)$	Anzahl der Links auf der i-ten Seite
T	Seiten, die per Hyperlink auf Internetseite
A	Seite, die einen Link erhält
d	Dämpfungsfaktor
o	Ranking der eigenen Website (unabhängig von Anzahl)

Danksagung

Zunächst möchte ich mich bei meiner Betreuerin Frau Rebecca Utz für die Unterstützung und die Zusammenarbeit danken. Des Weiteren danke ich meinem Arbeitskollegen Herr Alexander Keller für zielführende Gespräche und Materialien zum Thema.

Außerdem möchte ich meiner Familie, meiner Freundin und meinen Freunden den größten Dank für die Unterstützung in meiner intensiven Bearbeitungsphase aussprechen.

Vorwort

Das Thema Suchmaschinenoptimierung ist aus akademischer Sicht recht schwierig zu erarbeiten, da die meisten Ursache-Wirkungs-Zusammenhänge auf reinen Spekulationen oder auf empirischen Beobachtungen anhand von Studien basieren. Diese Studien können jedoch nicht isoliert auf einzelne Faktoren eingehen, da eine Internetseite stets aus einem Gesamtkomplex mehrerer verschiedener Faktoren besteht, die sowohl auf der Seite als auch außerhalb der Seite liegen. Aus persönlicher Erfahrung und Gesprächen mit SEO-Fachkräften beim Online Stammtisch Karlsruhe und bei der Online Marketingmesse DMEXCO in Köln kann ich sagen, dass bei drei Expertenmeinungen zu einem Thema, meist drei verschiedene Ansichten, Belege und Meinungen aufeinandertreffen.

Dies liegt zum einen daran, dass Suchmaschinenoptimierung stark branchenspezifisch ist und zum anderen gibt es nicht die einzigartige Strategie, welche ausschließlich zum Erfolg führt. Es hängt stark von der Konkurrenz ab welche Faktoren eine Verbesserung für die eigene Website bedeuten. Deshalb sei an dieser Stelle darauf hingewiesen, dass auch in der vorliegenden Arbeit teilweise Annahmen getroffen werden, die eventuell nicht alle SEO-Experten vertreten. Es wurde jedoch versucht so objektiv wie möglich an das Thema heranzugehen und verschiedene Positionen zu beschreiben.

Die Arbeit beschreibt außerdem den Status Quo der derzeitigen Suchmaschinenoptimierungs-Verfahren bzw. Techniken. Es ist keineswegs garantiert, dass die dargestellten Sachverhalte auch in Zukunft aus der gleichen Sichtweise betrachtet werden. Genauso dynamisch wie sich das Internet entwickelt, schreitet auch die Entwicklung der Suchmaschinen-Algorithmen voran. Es gibt laufend Updates, über die man sich als SEO-Experte dringend informieren muss, damit die vermeintliche Optimierung nicht das Gegenteil bewirkt. Ein typischer Arbeitstag für einen Suchmaschinenoptimierer sollte meiner Einschätzung nach mindestens zu 15 Prozent aus der Beschaffung aktueller Neuigkeiten, Meinungen und Studien bestehen.

Mit dieser Arbeit wird keinerlei Anspruch auf Vollständigkeit erhoben, da dies in Bezug auf das Thema Suchmaschinenoptimierung kaum erreichbar ist. Es geht allerdings darum bekannte Kriterien aufzuzeigen und verbreitete Umsetzungsprozesse zu überprüfen.

1 Einleitung

Das Segment Suchmaschinenmarketing ist ein relativ neues Themengebiet im Bereich Online Marketing. Im Jahre 1990 wurde das erste suchmaschinenähnliche Programm an der Université de Montréal zum Informationstransfer zwischen Wissenschaftlern entwickelt. Es ermöglichte die Suche nach gewissen Wörtern in einem Dateinamen innerhalb von FTP-Servern. Zu dieser Zeit gab es noch keine Struktur an visuell aufbereiteten Websites sondern lediglich einzelne Dateiserver, die über das Internet verknüpft waren.[1] Nachdem 1991 das von der Europäischen Organisation für Kernforschung entwickelte „World Wide Web" öffentlich zur Verfügung gestellt wurde, war es möglich Informationen als Hypertext, also virtuelle Texte mit enthaltenen Verknüpfungen zu weiteren virtuellen Ressourcen, mittels Browsern darzustellen.[2] Zwei Jahre später wurde eine Suchmaschine namens „RBSE Spider" entwickelt, mit der die Möglichkeit bestand auch komplexe Suchanfragen mittels mathematischer Algorithmen zu analysieren und eine Datenbasis auf Relevanz bezüglich der Anfrage zu überprüfen. Das Revolutionäre daran war, dass die Datenbasis aus einem Volltextindex, also der Hinterlegung ganzer Texte in einer Datenbank bestand. Die Relevanz bezüglich der Suchanfrage führte zu einem Ranking, also einer absteigend dargestellten Bewertung dieser elektronischen Ressourcen im Index.[3] Die Grundlage der modernen Suchmaschinen war geschaffen und 1998 erschien Google auf dem Markt der Suchmaschinenanbieter. Das Neue an Google war ebenso simpel wie genial. Das Ranking einer Website durch den PageRank, also die Bewertung durch die Anzahl an externen Links auf eine Website, auch Backlinks genannt. Dabei wurde eine externe Verlinkung als Empfehlung angesehen und in den Algorithmus einbezogen.[4] Der PageRank wird im Kapitel 8.1 genauer erklärt.

Die Suchmaschinen entwickelten sich zu einem der meistgenutzten Webanwendungen und vor allem Google konnte sich durch ständige Verbesserungen des Rankingalgorithmus die Marktführerposition sichern.[5] 2010 erhielt Google ca. 5,5 Mrd. Suchanfragen pro Monat, also ca. 2000 Suchanfragen pro Sekunde.[6] Vor allem für Websitebetreiber, die keine Marke in der Wirtschaft außerhalb des WWW etabliert hatten, boten sich große Chancen von Suchmaschinen gefunden zu werden. Die Top Platzierungen in den Suchmaschinenergebnislisten sind hart umkämpft. Nach Prognosen des Bundesverbands Digitale Wirtschaft wuchsen die Werbeinvestitionskosten in Suchwortvermarktung um 11% zum Vorjahr auf ca. 2,1 Mrd. Euro.[7] Diese Zahl spiegelt jedoch lediglich den Bereich SEA (Suchmaschinenwerbung) wieder, bei dem für die Einblendung in den Suchergebnisseiten zu bestimmten Keywords gezahlt wird. Keywords sind Wörter oder Wortkombinationen, die im Suchfeld einer Suchmaschine eingegeben werden und über die ein Suchender hofft einen Nutzen bezüglich eines bestimmten Bedürfnisses, in Form von Produkten, Antworten und Lösungen, zu finden. Dies zeigt die wahrgenommene Wichtigkeit eines guten Rankings zu einem bestimmten Keyword aus Sicht der Werbetreibenden, was zweifelsohne auf den Bereich SEO (Suchmaschinenoptimierung) übertragbar ist. Für Werbetreibende gibt die Dynamik auf dem Gebiet der Suchmaschinen Anlass dazu, sich mit SEO zu beschäftigen und zielführend in die Marketingaktivitäten zu integrieren.

[1]: Vgl. Koch (2010), S. 12
[2]: Vgl. Berners-Lee (1992)
[3]: Vgl. Heim (2004), S.15
[4]: Vgl. Langville; Meyer (2006), S. 27 f.
[5]: Vgl. BVDW (2011), S. 17
[6]: Eigene Berechnung nach ComScore (2010), S. 6
[7]: Vgl. BVDW (2011), S. 5

1.1 Zielsetzung

Ziel dieser Arbeit ist es Modelle aus dem klassischen Marketing auf das Suchmaschinenmarketing zu übertragen und Märkte, die durch Suchmaschinen im Internet entstehen zu analysieren. Es erfolgt eine Einordnung des Themas Suchmaschinenmarketing in den Gesamtkontext des Online Marketings. Des Weiteren sollen Zielsetzungen aufgezeigt, theoretische Grundlagen erläutert, sowie Konzepte und Praktiken der Umsetzung der Suchmaschinenoptimierung beschrieben werden. Letztendlich erfolgt die Überlegung wie einzelne Faktoren durch die Algorithmen von Suchmaschinen gewichtet werden. Ein besonderer Fokus dieser Arbeit liegt auf Internet-Portalen, also Internet-Plattformen, die Suchenden einen Einstieg in ein spezifisches Themengebiet ermöglichen. Die Sachverhalte werden zur Verdeutlichung am Praxisbeispiel, der Wohnen im Alter Internet GmbH und deren Website www.wohnen-im-alter.de veranschaulicht und verdeutlicht.

Die Suchmaschinenoptimierung kann als empirisches Fachgebiet des Online Marketings verstanden werden, obgleich deren Basis auf einer nicht-empirischen Wissenschaft beruht. Denn Suchmaschinen funktionieren über mathematische Algorithmen, die zweifelsohne nicht-empirisch erklärbar sind. Würde man die Algorithmen der Suchmaschinen kennen, wäre ein deduktiver Ansatz möglich. Da dies jedoch nicht der Fall ist, erfordert die Erschließung der theoretischen Grundlagen der Suchmaschinenoptimierung ein induktives Vorgehen. Aus diesem Grund werden empirische Beobachtungen gesammelt, um so in Literatur und Expertenkreisen verbreitete Thesen zu überprüfen und zu verdeutlichen.

Es ist anzunehmen, dass die Rahmenbedingungen des Praxisbeispiels großen Einfluss auf die theoretischen Schlussfolgerungen haben, da die Algorithmen der Suchmaschinen den jeweiligen Zielmarkt einbeziehen und je nach Anfragetyp Bewertungskriterien unterschiedlich gewichten. Dies kann man an einem Beispiel aufzeigen. Gibt man die Keywords „Pflegeheim München" und „Zoo München" in die Suchmaschine Google ein, erhält man im Gegensatz zur Ergebnisseite der Pflegeheimsuche, bei der nur die Verknüpfungen zu den entsprechenden Websites angezeigt werden, für die Suchanfrage nach dem Zoo Bilder, News und Bewertungen in der Suche. Dies zeigt, dass unterschiedliche Kriterien im Algorithmus berücksichtigt werden. Um eine zielführende Suchmaschinenoptimierungs-Strategie betreiben zu können, sollte deshalb das Unternehmen und sein Umfeld unter Berücksichtigung suchmaschinenrelevanter Aspekte beschrieben werden.

1.2 Beschreibung des Praxisbeispiels

Als Praxisbeispiel wird das Unternehmen Wohnen im Alter Internet GmbH herangezogen. Die Gesellschaft wurde im August 2008 mit Hilfe renommierter Investoren in der Internet- und Fachverlagsbranche in Karlsruhe gegründet. Die Wohnen im Alter Internet GmbH ist Mitglied des Vincentz Network, das Netzwerk des führenden Fachverlags im Bereich der ambulanten und stationären Altenhilfe. Die Investmentgesellschaft Rocket Internet GmbH bringt Know-How im Bereich Onlinewirtschaft und Online-Marketing in das Unternehmen ein.

Das Produkt der Wohnen im Alter Internet GmbH ist ein auf die Altenhilfebranche spezialisiertes Internet-Portal. Die Internetseite ist unter www.wohnen-im-alter.de erreichbar. Das Mission Statement lautet wie folgt: „Wohnen-im-Alter.de ist das spezialisierte Online-Portal für Seniorenwohn- und Pflegeeinrichtungen im deutschsprachigen Raum. Unser Anliegen ist es, Senioren und deren Angehörige mit den für sie geeigneten Altenhilfeeinrichtungen zusammenzubringen.

Seit September 2010 bietet Wohnen-im-Alter.de zusätzlich einen Stellenmarkt für Pflegefachkräfte an.“[8]

Die Attraktivität der Altenhilfebranche im Internet begründet sich durch zwei Faktoren. Zum einen gibt es immer mehr Senioren in Deutschland und zum Anderen steigt die Lebenserwartung stark an. Während 1991 noch 15% der Deutschen Bevölkerung älter als 65 Jahre alt waren, wuchs der Anteil auf 21 % im Jahre 2009.[9] Zudem prognostiziert das statistische Bundesamt bis 2060 einen Anstieg der Lebenserwartung für Neugeborene auf durchschnittlich 90 Jahre und es wird geschätzt, dass 2030 bereits 3,4 Millionen Menschen pflegebedürftig sein werden, 97,2% davon Menschen über 65 Jahre.[10]

Die Wohnen im Alter Internet GmbH bietet den Internetnutzern eine Reihe an Gratisangeboten. Die Kernprodukte für Nutzer sind eine Suchfunktion nach Senioreneinrichtungen im In- und Ausland sowie nach Stellenangeboten in der Altenhilfebranche. Weiterhin besteht die Möglichkeit der Kontaktaufnahme zu den Einrichtungen für Wohnanfragen oder Bewerbungszwecke. Vom Benutzer werden keine Vermittlungsgebühren erhoben und er erhält den Nutzen, dass Such-, Informations- und Transaktionskosten nach Senioreneinrichtungen und Pflegejobs verringert werden. Die gelisteten Seniorenwohn- und Pflegeeinrichtungen Einrichtungen profitieren von der großen Reichweite der Website. Täglich besuchen im Durchschnitt ca. 8000 und monatlich ca. 230.000 Nutzer die Seite „www.wohnen-im-alter.de“. Im Januar 2012 wurde ein Maximalwert von ca. 13.500 Benutzern erreicht, was auf ein zukünftiges Wachstum der Besucherzahlen hindeutet.[11]

	Standard-Eintrag	Premium-Eintrag
Vordere Position in Suche	☒	☑
Beschreibungstext	☒	☑
Bilder	☒	☑
Zusätzliche Merkmale	☒	☑
Link auf eigene Website	☒	☑
Nutzung Jobportal	☒	☑
Kontaktaufnahme per E-Mail	☑	☑
Angezeigte Telefonnummer	☒	☑
Rückruf Formular	☑	☒

Abb. 1.1: Das Leistungsangebot der Wohnen im Alter Internet GmbH[12]

Gelistete Seniorenwohn- und Pflegeeinrichtungen können zwischen einem kostenlosen Standard-Eintrag und einem kostenpflichtigen Premium-Eintrag wählen. Es kommt also das „Freemium“ (gratis Basisversion und entgeltpflichtige Premiumversion mit Mehrwert) Geschäftsmodell zum Tragen, welches im Kapitel 4.2 genauer beschrieben wird. Im Praxisbeispiel profitieren Premium-Kunden von Zusatzleistungen (siehe Abb.1.1) und erhalten dadurch mehr Resonanz von den potentiellen Kunden.

Es bestehen verschiedene Kooperationen. Durch die thematische Verknüpfung wurde beschlossen, Versicherungsangebote für einen Partner zu vermitteln. Das Geschäft erfolgt auf Basis von Provisionszahlungen für qualifizierte Versicherungsanfragen. Der Nutzer kann beim Kontaktieren einer Senioreneinrichtung auswählen, ob er Informationen über eine Pflegeversicherung wünscht.

[8]: Wohnen im Alter Internet GmbH (2011)
[9]: Vgl. Statistisches Bundesamt (2011), S.8
[10]: Vgl. Statistisches Bundesamt (2011), S.69 ff.
[11]: Angaben von Google Analytics (Zeitraum: 01.01.2011 bis 12.01.2012)
[12]: Internes Dokument der Wohnen im Alter Internet GmbH

Eine weitere Kooperationen besteht mit der ISM AG, eine Karlsruher Werbeagentur, welche eine Internetseite zum Thema ambulante Pflege betreibt.

2 Theoretische Grundlagen

2.1 Definitorische Grundlagen

2.1.1 Website, Internetseite und Domain

Grundlegend gilt es zwischen verschiedenen Bezeichnungen zu unterscheiden. Der Begriff Website wird im Folgenden für den Gesamtkomplex aus einzelnen Internetseiten verwendet. Als Internetseite werden sowohl die Startseite als auch deren Unterseiten bezeichnet. Eine Domain hingegen ist eine einzigartige Platzhalteradresse, die auf eine Website verweist. Dabei kann eine Domain stets nur auf eine Website verweisen wohingegen eine Website von verschiedenen Domains erreichbar ist. Es wird geschätzt, dass nur ca. 50 Prozent aller Domains auf eine Website zeigen, der andere Teil verweist auf sogenannte Parking Sites, dienen also lediglich zur zeitlichen Überbrückung bis zur eigentlichen Nutzung.[13] Im Deutschen werden die Begriffe Website, Internetseite und Domain teilweise synonym verwendet, was zu groben Ungenauigkeiten führt, weshalb der der Zusammenhang in Abbildung 2.1 skizziert werden soll.

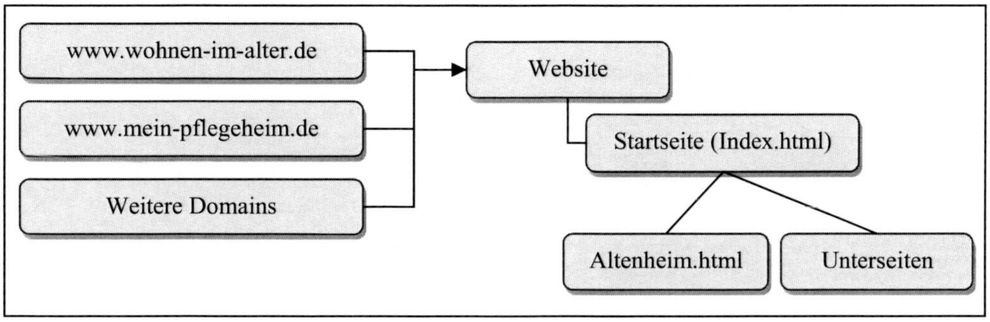

Abb. 2.1: Zusammenhang von Domain, Website und Internetseiten

Quelle: Eigene Darstellung

2.1.2 Suchmaschinenoptimierung (SEO)

Die Suchmaschinenoptimierung beschreibt alle Tätigkeiten, die ein Unternehmen betreibt, um bei der technischen Evaluation der eigenen Website, durch mathematische Algorithmen der Suchmaschinenanbieter, wie Google, Yahoo sowie Bing möglichst gute Bewertungen zu erhalten und dadurch in den Rankings, also in den Suchmaschinenergebnislisten für relevante Keywords unter den Top Positionen zu erscheinen. Die algorithmisch errechneten Suchergebnisse werden auch als natürliche oder organische Rankings bzw. Suchergebnisse bezeichnet. Der Begriff Optimierung ist dabei irreführend, denn nicht jede Tätigkeit, die zur Verbesserung des Rankings gedacht ist, hat auch einen positiven Effekt. Seiten, die schon in den Top Fünf erscheinen sollten daher sehr vorsichtig behandelt werden, um diese nicht auf schlechtere Platzierungen zu „optimieren". Trotzdem wird im Folgenden der Begriff Optimierungsmaßnahmen verwendet.

2.1.3 Suchmaschinenwerbung (SEA)

[13]: Vgl. Hitzelberger; Huber (2010), S.17

Bei Suchmaschinenwerbung erkaufen oder ersteigern sich im Internet tätige Unternehmen für ein bestimmtes Keyword eine Top Positionierung für ihre beworbene Seite in der Suchergebnisliste. Je nach Suchmaschinenanbieter gibt es verschiedene Zahlungsmodelle.

SEA ist vor allem dann von großer Wichtigkeit, wenn die eigene Website es nicht in die natürlichen Suchergebnisse schafft, denn so kann diese trotzdem auf den Top Positionen erscheinen. Die Suchmaschinenwerbung kann jedoch prinzipiell als unterstützende Maßnahme angesehen werden, denn auch bei gutem natürlichem Ranking kann dadurch die Klickrate erhöht werden. In der Literatur werden die Akronyme SEM und SEA zum Teil fälschlicherweise synonym verwendet, was dazu führt, dass der Oberbegriff mit einer Teildisziplin verschwimmt.[14] Das Thema SEA wird im Kapitel 4.5.2 genauer betrachtet.

2.1.4 PageRank

Der PageRank zählt (noch) als einer der wichtigsten Faktoren einer Website, die die Wahrscheinlichkeit der Einblendung in einer Suchmaschinenergebnisliste erhöhen. Das Konzept wertet jeden Link, je nach Qualität der verlinkenden Website, als eine mehr oder weniger gute Empfehlung für die Inhalte der verlinkten Seite. Es bildete die Grundlage zur Entwicklung der Suchmaschine Google und revolutionierte den Suchmaschinenmarkt. Durch soziale Medien und damit verbundenen nutzerseitigen Signalen zur Empfehlung einer Website könnte der PageRank langfristig an Einfluss verlieren. Eine genauere Betrachtung erfolgt in Kapitel 8.1.

2.1.5 Konversionsrate (CR)

Die Konversionsrate[15] (CR_i) gibt an, wie viele als Ziel festgelegte Aktionen (Z_i) von Benutzern auf der Website ausgeführt werden und setzt diesen Wert in Relation zur Gesamtbesucherzahl, auch Traffic (T) genannt. Durch sie ist es möglich auch non-monetäre Ziele auszudrücken, die Websites ohne direkte Monetarisierungsquelle als Ersatzgröße des Erfolges betrachten. Sie wird mathematisch wie folgt berechnet:

$$CR_i = \frac{Z_i}{T} \times 100 \qquad (1)$$

2.1.6 Klickrate (CTR)

Die Klickrate, im Englischen Click-Through-Rate (CTR), misst den Anteil von Klicks (C), die zu Websitebesuchen führen an der Anzahl aller Impressionen (I) auf einer Suchmaschinenergebnisseite. Sie ist der ausschlaggebende Grund dafür, dass Suchmaschinenoptimierung betrieben wird, da höhere Positionen in einer Ergebnisliste zu einer höheren Klickrate führen. Dieser Zusammenhang wird im Rahmen des Kapitels 2.2.1 noch genauer betrachtet. Die Formel zur Berechnung lautet:

$$CTR = \frac{C}{I} \times 100 \qquad (2)$$

[14]: Siehe hierzu Ceyp; Bischopinck (2009), S.7
[15]: Engl.: Conversionrate

2.1.7 Unique Content

Von „Unique Content", also einzigartigen Inhalt auf einer Website, wird gesprochen, wenn es sich um einen beliebigen Inhalt handelt, der in gleicher Form auf keiner anderen Internetseite vorhanden ist, sprich wenn keine identische Kopie besteht. Das Gegenteil ist „Duplicate Content", also doppelter Inhalt. Dieser kann in Form von Kopie aus externen Internetquellen oder aber durch Mehrfachverwendung eines selbst erstellten Inhaltes entstehen. Wird der Inhalt leicht abgewandelt oder nur ein Teil übernommen, spricht man vom „Near Duplicate Content" (Nahezu doppelter Inhalt). Suchmaschinen reagieren äußerst negativ auf Kopien bestehender Inhalte, da aus ihrer Sicht kein Mehrwert für den Nutzer geschaffen wird. Für das Ranking in Suchmaschinenergebnisseiten führt (Near) Duplicate Content oft zum gänzlichen Ausschluss des jeweiligen Anbieters.

2.2 Bedeutung der Suchmaschinen in der Internetökonomie

Bedenkt man die schier unendliche Anzahl an Informationsgütern, die durch moderne Vernetzung für einen Großteil der Menschen verfügbar wurde, scheint eine grundlegende Regel der Wirtschaftswissenschaften außer Kraft getreten zu sein. Die Allokation knapper Ressourcen galt als treibende Kraft der Ökonomie.[16] Digitalisierte Informationsgüter scheinen nicht knapp zu sein, da theoretisch eines dieser Güter durch unendlich viele Menschen benutzt werden kann. Beispielsweise kann eine Internetseite zu Altenheimen in Berlin von jedem Menschen, der Internet Zugang zum Internet hat, zur gleichen Zeit aufgerufen werden. Jedoch begründet sich ihre Knappheit durch andere Parameter.

Konsumenten müssen die Kenntnis über die Existenz des Informationsgutes besitzen. Außerdem muss die gewünschte Ressource in der gewünschten Qualität, zu der Zeit zu der das Bedürfnis entsteht, an dem Ort zugreifbar und in der benötigten Form zur Verfügung stehen, damit sie vom Konsumenten verwendet werden kann. Diese Eigenschaften definieren die Knappheit von digitalen Gütern und bestätigen den Fortbestand der grundlegenden Knappheits-Regel.

Unter der Prämisse, dass es keine Suchmaschinen gäbe, müsste jeder Mensch über die Existenz jeder digitalen Ressource informiert werden und diese selbst auf individuelle Nutzenkriterien überprüfen. Suchmaschinen ermöglichen Konsumenten das Auffinden und Bewerten eines Großteils der digitalisierten Ressourcen, die im Internet verfügbar sind. Ein Algorithmus wertet verschiedene Websites auf Relevanz hinsichtlich der gesuchten Keywords aus und liefert die passenden Suchergebnisse. Für den Nutzer minimiert dies die nicht-monetären Suchkosten, also Opportunitätskosten, die durch die Suche und Bewertung von digitalen Ressourcen entstehen, erheblich. Durch Suchmaschinen verändert sich der Kommunikationsfluss zwischen Konsument und Anbieter von einer Push- hin zu einer Pull-Kommunikation. Im Gegensatz zum klassischen Marketing, das vorwiegend die Push-Kommunikation involviert, ist bei der Suche im Internet das Pull-Prinzip ausschlaggebend. Grundsätzlich beschreiben Push-Strategien „Marketingaktivitäten an andere Mitglieder des Absatzkanals, um sie dazu zu bringen, das Produkt zu listen und es an den Endverbraucher zu bringen."[17] Eine Push-Kommunikation bedeutet somit potentielle Konsumenten direkt anzusprechen, um Nachfrage nach einem Produkt zu wecken. Die Pull-Kommunikation geht vom Konsumenten aus.

Er manifestiert sein Bedürfnis über die Eingabe seiner Suchanfrage und vergleicht die Ergebnisse auf ihren Nutzen bezüglich der Bedürfnisbefriedigung. Im Umkehrschluss ist es somit notwendig,

---

[16]: Vgl. Mankiw (2001), S.3
[17]: Kotler; Armstrong (2010), S.825

dass Anbieter digitaler Ressourcen sich selbst gut auffindbar machen. Dies bildet die Grundlage des SEM (Search Engine Marketing) mit seinen Teildisziplinen SEO (Search Engine Optimization) und SEA (Search Engine Advertising). SEM beschreibt alle Maßnahmen, die betrieben werden, um in einer Suchmaschinenergebnisseite an oberer Position zu erscheinen. Dies kann durch bezahlte Einblendungen in den Suchergebnissen erfolgen oder durch das gute Ranking der Website bei der Evaluation durch den Rankingalgorithmus.

2.2.1 SEO und SEA innerhalb einer Suchergebnisseite

In der Abbildung 2.2 wird eine Suchmaschinenergebnisseite genauer analysiert. Anhand dieser Analyse können wichtige Begriffe der Suchmaschinenoptimierung verdeutlicht und veranschaulicht werden. Gibt man auf der Website www.google.de ein Keyword ein und betätigt ohne weitere Einstellungen den Suche Button erhält man die Ergebnisse der Universal Search, also der universellen Suche. Je nach Keyword werden hier einzelne Elemente aus Vertical Search integriert. Die Vertikale Suche ermöglicht es ganz bestimmt Inhalte zu suchen, wie zum Beispiel Bilder, Orte innerhalb der Google Map (Places), Videos und einige Weitere.

Die Ergebnisanzeige im oberen Teil der Suchmaschinenergebnisseite, auch SERP (Search Engine Result Page) genannt, gibt einen Anhaltspunkt wie viele Inhalte innerhalb des Google Indexes gefunden wurden, welche eine algorithmische Relevanz zum eingegebenen Keyword erhalten haben. Die Ergebnisse können in organisches und bezahltes Listing unterteilt werden. Das organische Listing liefert die natürlichen Rankings aus, also eine Darstellung der Websites und vertikalen Inhalten, die algorithmisch bestimmt wurden, nach Relevanz absteigend sortiert. Sie sind im Gegensatz zu den bezahlten Listings durch SEO beeinflussbar. Bei den bezahlten Listings handelt es sich um Suchwortwerbung (Keyword Advertising), was den Bereich SEA abdeckt.

Bei der universellen Suche erfolgt die Integration der vertikalen Inhalte jedoch nur, wenn dies auch Sinn ergibt, wie beispielsweise die Anzeige von Standorten einzelner Pflegeheime in München im abgebildeten Suchergebnis zum Keyword „Pflegeheim München". Bei der Suche nach Pflegeversicherung würde es beispielsweise keinen Sinn machen einen Ort einzublenden. Es besteht neben der Optimierung der Textinhalte einer Website auch die Möglichkeit Optimierung in Richtung Vertical Search durchzuführen. Dabei werden Videos, Bilder und sonstige Medien durch spezielle Attribute beschrieben, da sie sonst von den Suchmaschinenanbietern nicht identifiziert werden können. Diese sehen zwar, dass es sich um eine Media-Datei handelt, nicht aber deren Aussage oder relevante Keywords. Diese Art der Optimierung sollte jedoch eher ein unterstützender oder zu vernachlässigender Teilbereich der SEO-Strategie von Portalen bilden, da diese im Hinblick auf die Generierung von Transaktionen nur sehr wenig beitragen.

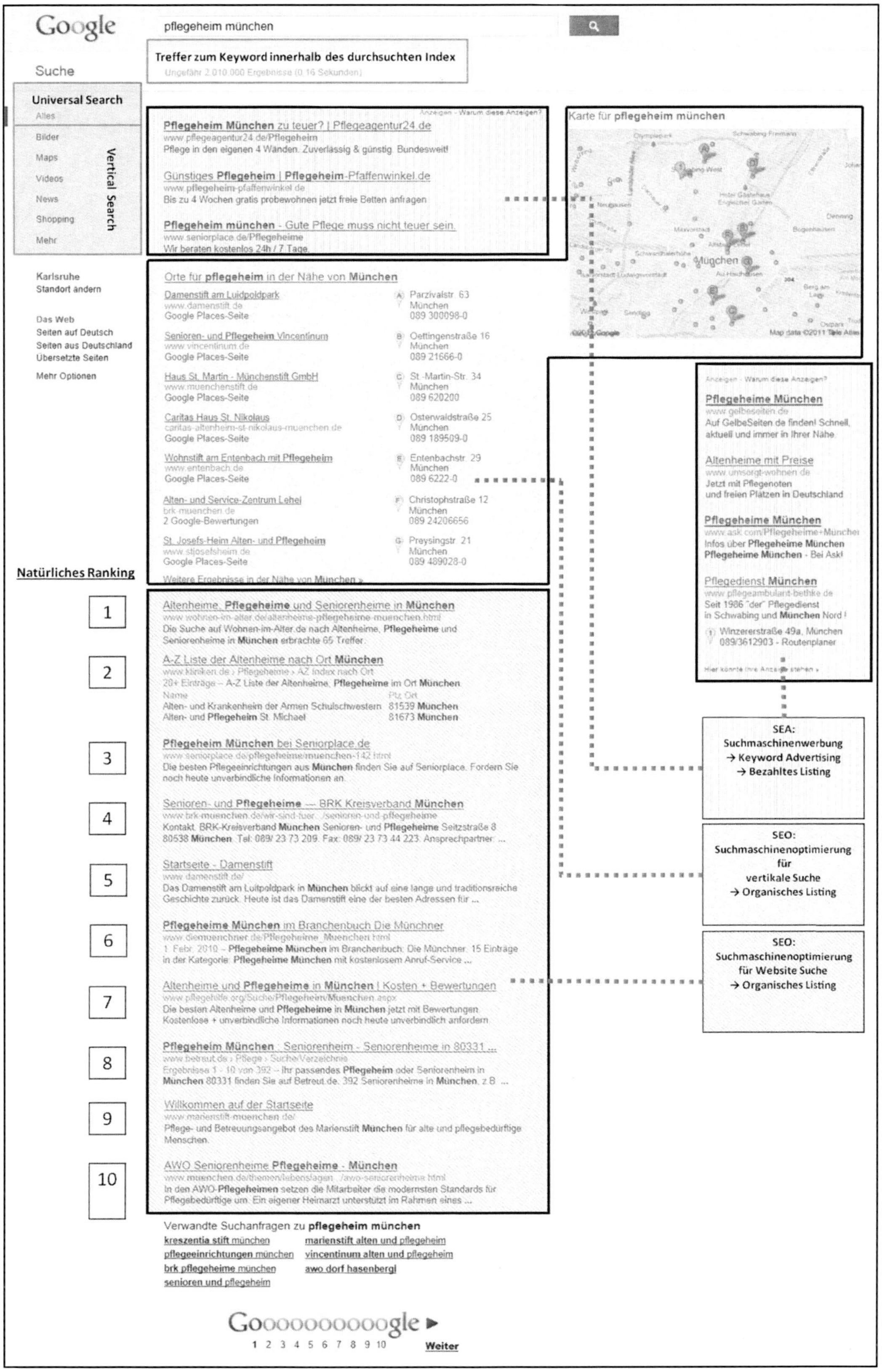

Abb. 2.2: Analyse der Suchmaschinenergebnisseite (SERP) am Beispiel von Google

Quelle: Eigene Darstellung anhand des Google Suchergebnisses zum Keyword „Pflegeheim München"

Die Notwendigkeit der Suchmaschinenoptimierung begründet sich durch die Tatsache, dass meist nur die ersten Suchergebnisseiten von Internetnutzern beachtet werden. Verschiedene Studien belegen, dass die Klickrate, auch als CTR (Click Through Rate) abgekürzt innerhalb der ersten Seite am höchsten sind und dass gilt, je besser die Position im organischen Ranking, desto höher die Klickrate. Sie errechnet sich aus der Anzahl der Seitenbesuche geteilt durch die Anzahl der Impressions, also der Einblendungen der Website innerhalb der Suchmaschinenergebnisse. Eine von JupiterResearch durchgeführte Studie aus dem Jahr 2008, basierend auf den Umfragewerten einer Grundgesamtheit von ca. 2300 Personen zeigt auf, dass fast 70 Prozent der Benutzer von Suchmaschinen auf der ersten Suchergebnisseite eine Website auswählen, die sie danach aufsuchen.[18] Innerhalb der ersten drei Seiten entscheiden sich 92 Prozent aller Befragten. Neuere Studien zeigen, dass im Ranking insbesondere die Top Position entscheidend ist.

Zum einen bestätigen das Eye-Tracking Studien, die ein Teil der Kognitionswissenschaft bilden. Es wird dabei versucht neuronale Mechanismen zu verstehen, welche das Auge steuern um wichtige Informationen zuerst zu verarbeiten. In früheren Studien war das sogenannte „magische F“ oder „F-Profil“, die Blickverteilung auf SERPs in Form eines F, deutlich sichtbar.[19] [20] In einer im Oktober 2011 präsentierten Studie für einen SEO Blog ist dies jedoch nicht mehr der Fall. Dies ist zunächst darauf zurückzuführen, dass Googles Universal Search auch vertikale Ergebnisse, wie Bilder, Videos und News einblendet. Diese medialen Inhalte lenken die Aufmerksamkeit auf sich, da es sich nicht um emotionslose Texte handelt, sondern Emotionen stimuliert werden. Deutlich ist jedoch auch in dieser Studie der Fokus auf den oberen Teil der Suchergebnisseite gelegt.[21]

Zudem gibt es einige Studien, die die Klickrate auf den Ergebnisseiten messen. Die Klickrate gibt an, wie oft eine Seite besucht wird im Vergleich zu der Häufigkeit der Einblendung auf SERPs (Impressionen). Die Formel lautet: Anzahl der Seitenbesuche über eine Suchmaschine dividiert durch Anzahl der Impressionen der Website in den Suchergebnissen einer Suchmaschine. Teilweise wird der Nenner auch durch das globale Suchvolumen, also aller Suchanfragen in einem gewissen Zeitraum zu einem bestimmten Keyword, ersetzt.

Alle Studien belegen, dass die Website auf Position eins innerhalb des organischen Listings deutlich häufiger Besucher über die Suchmaschinen erhalten als niedrigere Positionen. Die Studien von Chitika und Optify sind relativ ähnlich, wobei die Slingshot Studie durch die veränderte Methodik deutlich geringere Werte ausgibt. Dies hängt damit zusammen, dass das gesamte Suchvolumen berücksichtigt wurde und nicht die Anzahl der Impressionen. Es kann jedoch davon ausgegangen werden, dass die ersten beiden Positionen zwischen ca. 20 und 50 Prozent aller Klicks erhalten, was die Bedeutung von Suchmaschinenoptimierung eindrucksvoll verdeutlicht (siehe Tab.1).

---

[18]: Vgl. Jupiter Research (2008)
[19]: Vgl. Düweke; Rabsch (2011), S. 282
[20]: Siehe Abb. A.2 im Anhang
[21]: Vgl. Meyers (2011)

	Chitika (2010)	Optify (2010)	Slingshot (2011)
Position	Methodik : - Ø CTR: $\frac{\#Besucher}{\#Impressions}$ Datenbasis: - 8,3 Mio. Impressionen	Methodik : - Ø CTR: $\frac{\#Besucher}{\#Impressions}$ Datenbasis: - Überprüfung der ersten 20 Rankings - anhand von 250 Websites - ca. 1000 analysierten Keywords	Methodik : - Ø CTR: $\frac{\#Besucher}{Suchvolumen}$ Datenbasis: - Überprüfung aller Suchergebnisse - anhand von 200 Websites - ca. 324 analysierten Keywords
1	34.35%	36.4%	18,2%
2	16.96%	12.5%	10,05%
3	11.42%	9.5%	7,22%
4	7.73%	7.9%	4,81%
5	6.19%	6.1%	3,09%
6	5.05%	4.1%	2,76%
7	4.02%	3.8%	1,88%
8	3.47%	3.5%	1,75%
9	2.85%	3.0%	1,52%
10	2.71%	2.2%	1,04%

Tab. 1: Klickraten der verschiedenen Rankingpositionen

Quellen: Optify (2010); Chatika (2010); Slingshot (2011)

2.3 Portale als Teil der Inhalteanbieter-Branche im Internet

Suchmaschinen bewerten Inhalte, die Websites zur Verfügung stellen. Dabei predigt Google Content zu generieren, der dem Nutzer einen Mehrwert verschafft. Aus diesem Grund sollte genauer beleuchtet werden, was Content eigentlich bedeutet. Das Internet besteht aus der Vernetzung vieler elektronischer Inhalte über eine technische Infrastruktur. Dabei kann man Inhalte grundlegend in zwei Kategorien unterscheiden. Originäre Inhalte, also Inhalte die einzig und allein elektronisch verfügbar sind sowie substitutive Inhalte, die als Substitut oder Ergänzung einer materiell verfügbaren Version existieren.

Content ist im Duden als „qualifizierter Inhalt, Informationsgehalt besonders von Websites“[22] definiert. Nicht jeder Inhalt ist somit Content. Content ist qualifizierter Inhalt und bringt dem Konsumenten einen Nutzen oder Zusatznutzen. Im Falle, dass ein Konsument eine reine Information, beispielsweise eine Beschreibung eines Altenheims sucht, kann der reine Inhalt (Wörter) bereits den eigentlichen Nutzen enthalten, wird also zu qualifiziertem Inhalt. Verstärkt erwarten Internetnutzer jedoch weiterführende Inhalte, die bei Integration in ein Gesamtkonzept zu Content qualifiziert werden. Es ist denkbar, dass der Nutzer neben einer rein objektiven Beschreibung eines Altenheims auch gerne Videos, Bilder und eventuell Bewertungen anderer Nutzer erwartet.

Der Spruch „Content is King“ wurde zur Binsenweisheit der Suchmaschinenoptimierung, da qualifizierte Inhalte von den mathematischen Algorithmen als extrem wichtig eingestuft werden. Diese erkennen bei der Evaluation einer Internetseite Zusammenhänge innerhalb der Inhalte. Es

[22]: Duden Online (2011)

wird überprüft ob es sich um einzigartigen Content (Unique Content) handelt. Außerdem können im Text verwendete Wörter Rückschluss auf das eigentliche Thema der Seite geben. Wer durch häufige Nennung eines Keywords umgeben von leeren Floskeln versucht möglichst relevant zu erscheinen, unterschätzt die Textanalysefähigkeiten des Algorithmus gewaltig. Dieser erkennt solche Texte als „Spam“, also wertlosen Inhalt, der dazu führt, dass eine Website sehr schnell degradiert wird. Die Bestrafung erfolgt in Form von Verschlechterungen der Rankingposition aller Seiten einer Website oder durch den Ausschluss dieser aus dem Index, was bedeutet, dass die Seite nicht mehr über die exkludierende Suchmaschine gefunden werden kann.

Doch warum besteht so eine hohe Nachfrage nach Content? Dies hängt mit der Entwicklung der Informationssysteme zusammen. Praktisch alle materiellen und immateriellen Güter können mindestens deskriptiv in elektronische Inhalte transformiert oder sogar als solche generiert werden. Die Zurverfügungstellung dieser Inhalte unter bestehender Möglichkeit der Suche im Internet bietet dem Konsumenten einen enormen Nutzen, da Such-, Informations-, Evaluations- und Transaktionskosten minimiert werden können.[23] Letztere sind nicht-monetäre Kosten, auch Opportunitätskosten genannt, die in der Nutzentheorie eine wesentliche Rolle spielen.

2.3.1 Geschäftsmodell Content

Nachdem Content definiert wurde, fragt sich, welche Geschäftsmodelle in der Content-Branche angewandt werden. Dazu gibt es in der Literatur verschiedene Ansätze, die zu einem Gesamtmodell (siehe Tab. 1) verknüpft werden können.

Die Geschäftsmodelle, die sich auf Content stützen werden in vier Perspektiven beleuchtet. Dabei wird zwischen einer Nutzen-, Wertschöpfungs-, Tätigkeits- und Prozessstufenperspektive unterschieden. Unternehmen, die eine Webseite im Internet haben, müssen sich jedoch nicht auf eine dieser Perspektiven beschränken, sondern können in multiplen Tätigkeitsfeldern agieren. Dies wird ermöglicht durch das große Potential an Flexibilität und Modularität von Websites.

Konsumenten ziehen einen der wesentlichen Faktoren der Bedürfnisbefriedigung des Internets aus Inhalten sowie Kontext, die beide der Nutzenperspektive Content angehören. Sie erhalten Informationen über eine Vielzahl an Themengebieten und weiterführende Ressourcen. Provider generieren originäre und substitutive Inhalte und stellen diese gesammelt dar. Aggregatoren bündeln die Inhalte der Provider, um diese für Internetnutzer in einen Kontext zu bringen. Sie selektieren Themen- und Zielgruppen-relevante Inhalte, systematisieren diese, teilweise auch durch eine unterstützende Suchfunktion und reichern sie um eigene Inhalte an. Diese Orientierungshilfe schafft für Nutzer einen Mehrwert im Vergleich zur reinen Darstellung von Inhalten auf Seiten der Provider. Um Beispielsweise alle Pflegeheime in München zu finden, bräuchte man sehr viel mehr Zeit, als wenn ein Aggregator eine angereicherte Übersicht bietet.

[23]: Siehe hierzu Clement; Schreiber (2010), S.155 ff.

Content		Commerce		Connection	
Inhalt	**Kontext**				
Provider	Aggregatoren	Anbieter	Makler	Anbieter	Mittler
- Generierung - Sammlung - Darstellung	- Selektion - Systematisierung - Anreicherung	- Transaktion - Anbahnung - Aushandlung - Abschluss - Abwicklung	- Transaktionsaggregation - Aggregation - Anbahnung - (Aushandlung) - (Abschluss) - Weiterleitung	- Interaktion - Interkommunikation	- Aggregation - Interaktion - Interkommunikation - Vermittlung
Erzeugen	Bündeln	Distribuieren		Unterstützen	

Tab. 2: Geschäftsmodell Content im Internet

Quellen: Eigene Darstellung in Anlehnung an Wirtz (2009), S.639 u. *Schuhmann; Hess (1999), S.146*

Nur ein Bruchteil der Geschäftsmodelle mit Bezug zu Content funktioniert über die Vermarktung vom Content selbst. Dieser ist jedoch zur Transaktionsgenerierung nötig. Nutzer brauchen beispielsweise Bestellformulare, Kontaktdaten, Shop-Systeme etc., die man als transaktionsrelevanten Content bezeichnen könnte. Anbieter der Produkte erstellen meist selbst Inhalte, die das distribuieren von Gütern, also E-Commerce ermöglichen. Makler hingegen aggregieren transaktionsrelevante Inhalte der Anbieter und verwenden diese, um auf ihrer Website Transaktionsvereinbarungen mindestens aber Transaktionsabsichten zu erhalten, die dann an die Anbieter weitergeleitet werden können.

Unterstützt werden diese Prozesse durch interaktive Inhalte, die dem Konsumenten den Nutzen Connection, also Verbindung zwischen verschiedenen Teilnehmern eines Wirtschaftssystems, ermöglicht. Der Anbieter selbst kann durch Foren, Blogs oder andere interkommunikative Schnittstellen einen Zusatznutzen für potentielle Konsumenten und Kunden schaffen, die Interaktion und Kommunikation zwischen Konsumenten, Lieferanten und dem Anbieter ermöglichen. Mittler aggregieren auf einer eigenen Plattform, beispielsweise Social Communities wie Facebook, Interaktions- und Kommunikationsmöglichkeiten zwischen allen Teilnehmern, die auf diese Plattform zugreifen können. Die Aggregation erfolgt im Vergleich zu den obig genannten Ansätzen meist passiv, also durch Generierung der Inhalte auf der Plattform, anstatt durch Sammlung verfügbarer Inhalte im Internet.

2.3.2 Internet-Portale

In den Anfangszeiten des Internets gab es noch keine Suchmaschinen und so wurden in Kategorien gegliederte Webkataloge erstellt, in denen Websites systematisiert und teilweise um eine Kurzbeschreibung angereichert dargestellt wurden. Damals waren Portale vor allem Aggregatoren von Inhalten. Die Definition von Internet-Portalen hat sich im Zeitverlauf jedoch geändert „von der einfachen Einstiegsseite … hin zur multiplen Unternehmensanwendung, in welcher Inhalte, Dienste und Funktionen integriert und zudem benutzerspezifisch angepasst werden."[24] Moderne Portale können in allen Perspektiven der Contentgenerierung und -nutzung tätig sein.

Sie systematisieren in einer einheitlichen Darstellung gesammelte Inhalte, die informativen, transaktionsrelevanten, interaktiven oder interkommunikativen Charakter haben. Sie können eigene Inhalte erzeugen, externe Inhalte bündeln und anreichern sowie über Inhalte Produkte distribuieren und diese Prozesse unterstützen. So sollen Portale die Anlaufstelle für bestimmte

[24]: Kirchhof; Gurzki et al. (2004), S.3

Zielgruppen werden. Eine unterstützende Suchfunktion ermöglicht es den Konsumenten, über eine Portalseite alle Aktionen bis zu einem gewissen Maße der Bedürfnisbefriedigung durchführen zu können – von der Suche bis zumindest der Abgabe einer Transaktionsabsicht, die weitervermittelt werden kann oder bis zum Abschluss einer Transaktion. Der direkte Abschluss wird ermöglicht, wenn Betreiber von Portalseiten auch gleichzeitig Produktanbieter sind. Beispielsweise verkauft Amazon selbst Bücher, bietet aber auch Inhalte von anderen Anbietern, welche die Abwicklung bis zum Transaktionsabschluss übernehmen.

3 Zielmärkte und Zielgruppen in Suchmaschinen

Nach einer Einführung in die Welt der Internetökonomie und der Bedeutung von Suchmaschinen, die nach technischen Kriterien Websites mit dem relevantesten Content als Ergebnisse präsentieren, stellt sich natürlich die Frage, ob in der Internetökonomie der gleiche Prozess der Zielmarkt- und Zielgruppenfindung Bestand hat, wie in der bisherigen Wirtschaftstheorie.

3.1 Mehrseitige Märkte

Es ist auch im Bereich der Suchmaschinenoptimierung nötig seinen Zielmarkt und seine Zielgruppe zu erörtern. Anders als bei materiellen Produkten stellt eine genaue Definition eines Zielmarktes für Internet-Portale eine große Herausforderung dar, da es gerade bei Internet-Portalen nicht darum geht ein ganz bestimmtes Produkt an eine ganz bestimme Zielgruppe zu vertreiben, sondern es geht um das Monetarisieren einer vielschichtigen Website und deren Besucherströme. Es bestehen Wechselwirkungen innerhalb verschiedener Zielmärkte, die wiederum aus komplett unterschiedlichen Anbietern und Nachfragern bestehen. Ein relativ neues wirtschaftswissenschaftliches Konzept aus der Internetökonomie schafft Abhilfe.

Das Konzept mehrseitiger Märkte wurde von Rochet und Tirole in einer Pionierarbeit mit dem Titel „Platform Competition in Two-Sided Markets“ definiert.[25] Sie entwickelten die theoretischen Ansätze der Netzwerkeffekte zu mehrseitigen Märkten weiter. Dieses Modell lässt sich auf einen Großteil der Internet-Portale beziehen. Netzwerkeffekte entstehen immer dann, wenn die Anzahl einer Nutzergruppe eines gewissen Systems, eine positive Entwicklung für andere Nutzergruppen im System mit sich bringt. Die Anzahl der Nutzer eines Portals für Senioreneinrichtungen steigert beispielsweise den Nutzen von Werbetreibenden, da diese mehr Rezipienten erreichen. Liefern Werbetreibende mehr Inhalte profitieren die Nutzer. Durch diese Verknüpfungen kommt es oft zu Quersubventionierungen innerhalb verschiedener Märkte, da mangelnde Zahlungsbereitschaft einer Gruppe durch eine andere zahlungswillige Gruppe aufgefangen werden kann, also mehrseitige Märkte entstehen. So ist es möglich, dass es zahlreiche Gratisangebote im Internet gibt, da Netzwerkeffekte die Quersubventionierung durch Werbeangebote und weitere Monetarisierungspotentiale ermöglichen.

[25]: Vgl. Rochet; Tirole (2003), S.2

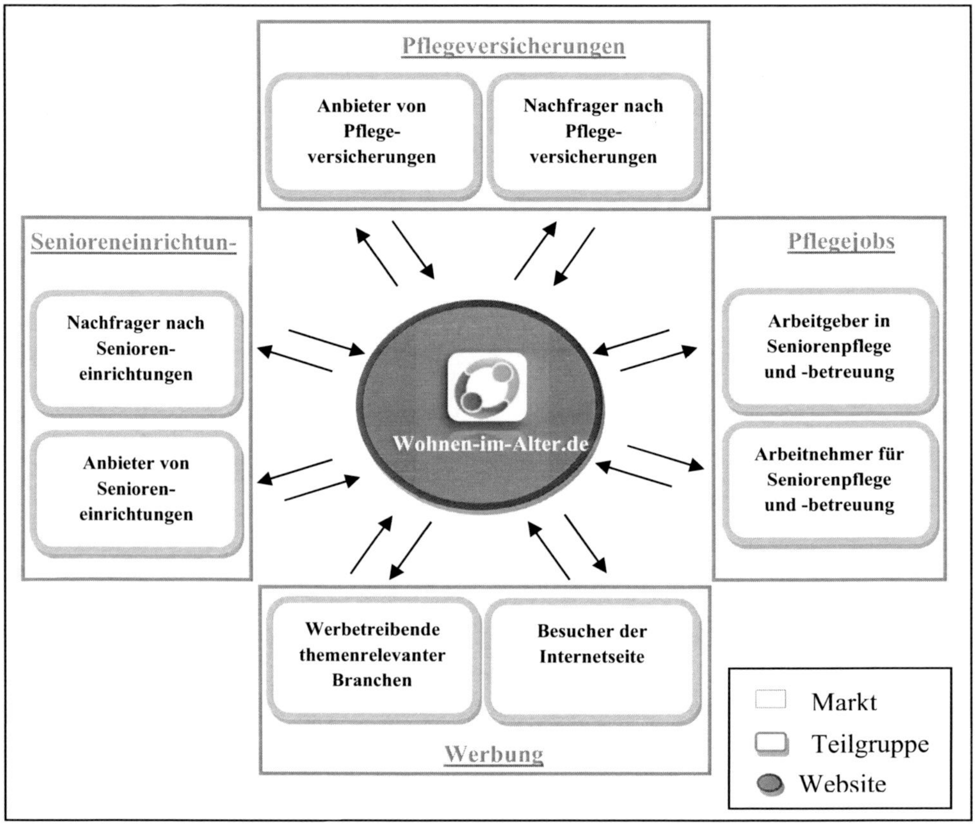

Abb. 3.1: Mehrseitige Märkte am Beispiel der Wohnen im Alter Internet GmbH

Quelle: Eigene Darstellung

In Abbildung 3.1 wird das Modell der mehrseitigen Märkte auf das Praxisbeispiel angewandt. Die Website www.wohnen-im-alter.de bietet Inhalte für den Werbemarkt, den Markt für Senioreneinrichtungen, den Pflegeversicherungsmarkt sowie den Markt an Pflegejobs. Jeder dieser Märkte besteht jeweils aus der Gruppe der Anbieter und der Nachfrager. Die Internetseite bietet einen neuen Marktplatz für diese Marktteilnehmer und ist Mittler von Transaktionen und Kommunikation. Die Teilgruppen dieses mehrseitigen Marktes generieren Netzwerkeffekte und ermöglichen sich so gegenseitig Nutzenvorteile.

Netzwerkeffekte tragen außerdem dazu bei, dass Internet-Portale die Tendenz aufweisen Monopole oder Oligopole zu bilden, denn je mehr Besucher eine Portal-Website hat, desto größer werden die Nutzenvorteile durch hohe Produkt- und Inhaltevielfalt auf Konsumentenseite sowie durch ein Konglomerat verschiedener qualifizierter Zielgruppen auf Seiten der klassischen und modernen Anbieter. Konsumenten entscheiden sich meist für das Leistungspaket, das ihnen den größten Nutzen verspricht, wodurch sich die Tendenz verstärkt.

Ein gutes und gern genanntes Beispiel hierfür ist das Unternehmen Amazon. Durch wachsende Nutzerzahlen, integrierten sich immer mehr Anbieter und somit auch immer mehr Angebote verschiedenster Produkte. Für Konsumenten bietet sich dadurch der erhöhte Nutzen der Auffindbarkeit von unterschiedlichsten Produkten. Anbieter erreichten mehr Konsumenten. So konnte sich Amazon mit einem Anteil von 20,4% der Besucher von Online Händler Websites die Marktführerposition in diesem Segment erarbeiten.[26] Der Prozess der Konzentration wird sich

[26]: Vgl. ComScore (2011a)

nach Expertenmeinungen fortsetzen[27] und so ein Paradigma der Internetökonomie bestätigen: „The winner takes it all.“ Analog lässt sich dieser Trend von Shopping Portalen auf andere Internet-Portale übertragen.

Netzwerkeffekte tangieren auch den Bereich Suchmaschinenoptimierung. Gerade bei Portalen liefern Werbetreibende bei wachsenden Nutzerzahlen meist auch mehr Inhalte, die suchmaschinenrelevant sind. Sei es in Form von Produktbeschreibungen, Bildern, Videos oder sonstigen Inhalten. Bei richtiger Nutzung der Inhalte und guter Grundoptimierung der Website (siehe Kap. 5 ff.) verbessert sich dadurch deren Ranking in den Suchmaschinenergebnisseiten, was wiederum die Nutzerzahl steigert. Denn je besser die Position, desto höher die Klickrate, also der Prozentsatz aus Anzahl der Aufrufe einer Website über eine Suchmaschine, gemessen an der Anzahl der Einblendungen auf der Suchergebnisseite.

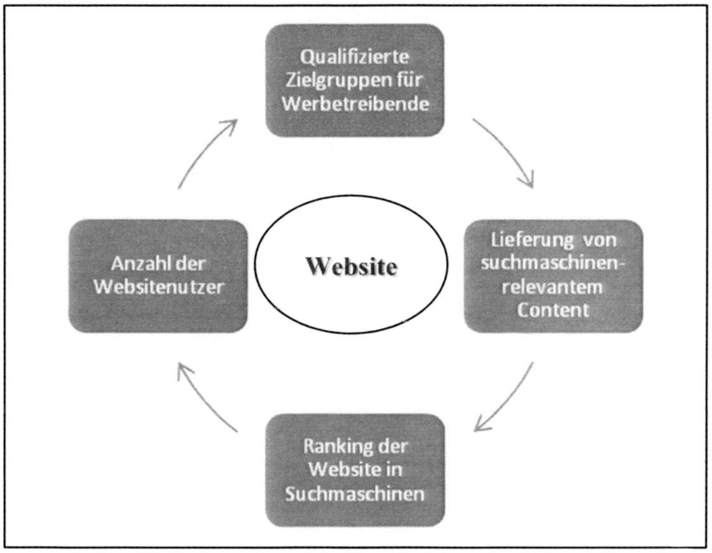

Abb. 3.2: Die Netzwerkeffekt Spirale für Rankings von Portal-Websites

Quelle: Eigenes Modell

Diese Netzwerkeffekt-Spirale gilt natürlich nur unter den Prämissen, dass die Seite keine sonstigen Abstrafungen in den Suchmaschinen erhalten und dass Unique Content, also nicht kopierter, auf das Portal angepasster Inhalt, auf der Website verwendet wird. Die Spirale sollte in Bezug auf die Wettbewerbsposition in der oligopol- und monopolbildenden Online-Wirtschaft berücksichtigt werden.

3.2 Keyword-Zielgruppen

Nachdem wir die Schwierigkeit der Definition eines einzelnen Zielmarktes durch das Konzept mehrseitiger Märkte beseitigen konnten, gilt es nun Zielgruppen zu definieren. Auch hierbei müssen neue Konzepte angewandt werden, da Internet-Portale teilweise für verschiedenste Themenfelder und Produkte relevante Inhalte anbieten. Für jedes einzelne dieser Themenfelder könnte man über verschiedene Merkmale und unter Betrachtung von Sinus-Milieus Zielgruppen identifizieren. Häufig erfolgt eine Einteilung über geografische, demografische, sozio-

[27]: Vgl. EHI Studie (2010)

ökonomische sowie verhaltensorientierte Kriterien. Grundsätzlich gilt, dass Zielgruppensegmente messbar, substantiell, erreichbar, trennbar und machbar sein sollten.[28]

Betrachtet man nun ein Internet-Portal unter Gesichtspunkten von Suchmaschinen, zielen Unterseiten thematisch auf verschiedenen Keywords ab. Jedes dieser Keywords hat wiederum eine oder mehrere verschiedene Zielgruppen, die die grundsätzlichen Anforderungen an eine zielführende Segmentierung erfüllen. Sie sind messbar, über die monatliche Anzahl an Suchanfragen zu dem Wort oder der Wortkombination.[29] Ihre Substantialität begründet sich über die Kostenstruktur in der Internetökonomie. Die Kosten des Speicherplatzes für Inhalte sind verschwindend gering, wodurch diese bei Bestand von nur einer Suchanfrage im Monat nach dem passenden Keyword direkt oder indirekt zum Gewinn einer Website beitragen können. Das Internet sorgt außerdem für die Markterreichbarkeit, denn ca. Dreiviertel der deutschen Bevölkerung ab 14 Jahre hat Zugriff auf das Internet.[30] Eine Ausnahme bilden hier ältere Menschen ab 60 Jahre, wo nur ca. dreißig Prozent über Internet verfügen. Bei der Trennbarkeit ergibt sich eine Schwierigkeit.

Es kann verschiedene Zielgruppen für ein und dasselbe Keyword geben. Dies lässt sich über eine Trichonometrie der Anfragetypen erklären. In BRODER's „Klassifizierungslehre der Web Suche" [31] unterteilt er wie folgt:

- *Navigationsorientiere Anfragen*: Ziel ist das Erreichen einer gewünschten Webseite.
- *Informationsorientierte Anfragen*: Ziel ist das Erlangen einer gewünschten Information.
- *Transaktionsorientierte Anfragen*: Ziel ist die Durchführung einer bestimmten Transaktion.

Ein gesuchtes Keyword kann also mehrere Anfrageziele verfolgen. Bei der Suche nach „Wohnen im Alter" könnte der Nutzer die Website „www.wohnen-im-alter.de" suchen, sich darüber informieren wollen, wie man im Alter optimal wohnt oder er möchte eine Einrichtung zum Wohnen im Alter kontaktieren, um eine Wohnanfrage zu stellen. Das Problem der Trennbarkeit lässt sich beheben, wenn mehrere Internetseiten für ein Keyword erstellt werden. Diese enthalten passend zu den verschiedenen Anfragetypen entsprechende Titel und Beschreibungen, die in Suchmaschinenergebnisseiten angezeigt werden. Die Machbarkeit bei der Segmentierung nach Keywords wird durch die Hohe Flexibilität von Websites sowie der hohen Transparenz gesuchter Keywords begründet.

Da man jedoch nicht jede Unterseite einer Website und jedes von dieser Seite avisierte Keyword überblicken kann, beschränkt man sich oft auf die Hauptthemenfelder und deren Keywords. Diese Generalisierung ist suchmaschinentechnisch nicht immer optimal. Unterseiten, die eine ganz spezielle Keywordkombination und somit auch eine ganz spezielle Zielgruppe avisieren, werden nicht mehr als Keyword-Zielgruppe wahrgenommen, obwohl diese eventuell attraktiv wäre. Sucht jemand beispielsweise ein Altenheim für Demenzkranke in München macht es keinen Sinn, dass er eine allgemeine Informationsseite zu Altenheimen findet. Er sollte direkt die passende Unterseite auffinden können, die zu seinem Bedürfnis passt.

Somit lässt sich abschließend festhalten, dass Unternehmen, die SEO betreiben, den Grad der Generalisierung von Keywords und deren Internetseiten bestimmen müssen, um relevante Zielgruppen anzusprechen. Die Keyword-Zielgruppen einer Internetseite sollten spezifisch genug sein, dass der Suchende den gesuchten Nutzen findet, aber nicht zu detailliert, da es sonst

---

[28]: Vgl. Kotler; Bliemel et al. (2007), S. 386
[29]: Siehe hierzu Google Keywords Tool (Abb. 6.2)
[30]: Vgl. ARD; ZDF (2011)
[31]: Vgl. Broder (2000), S.3

praktisch keine Suchanfragen gibt. In unserem Praxisbeispiel macht es beispielsweise Sinn verschiedene Einrichtungstypen, wie Altenheime, Seniorenresidenzen oder Betreutes Wohnen in den gesuchten Städten auffindbar zu machen, um die passende Zielgruppe anzusprechen. Es würde jedoch keinen Sinn ergeben eine Seite auf das Keyword „Altenheimzimmer in München mit Vogelhaus“ zu optimieren, obwohl es auch hierfür eine Keyword-Zielgruppe gäbe

3.3 SEO-Branchenstrukturanalyse

PORTER definiert eine Branche als „Gruppe von Unternehmen, die Produkte herstellen, die sich gegenseitig nahezu ersetzen können.“[32] Für Websites, die in Suchmaschinen Inhalte anbieten, muss diese Definition angepasst werden. Auf Suchergebnisseiten geht es in erster Linie nicht um Produkte, sondern um die Kanalisierung von Benutzerströmen auf eine Internetseite. Dies geschieht durch Rankings für relevante Keywords. Diese Schlüsselwörter oder Wortkombinationen manifestieren prägnant ein konkretes oder abstraktes Bedürfnis eines Internetnutzers. Konkret ist das Bedürfnis dann, wenn der Nutzer es in einer Suchanfrage verständlich formulieren kann. Ist das Bedürfnis abstrakt, kann der Nutzer nicht genau beschreiben, was er sucht, er weiß nur dass er etwas sucht. Konkret wäre folglich die Suche nach „Altenheime in München“, abstrakt „Er braucht Hilfe“. Somit handelt es sich nicht um eine klassische Branche, die über das Tätigkeitsfeld eines Unternehmens definiert werden kann, sondern um Keywordbranchen, in denen Wettbewerber aus verschiedensten Tätigkeitsfeldern um gute Rankings zu speziellen Keywords konkurrieren. Die Monetarisierung der Besucherströme erfolgt oft nicht durch direkte Erlöse aus Käufen auf den einzelnen Internetseiten. Die bereits beschriebenen mehrseitigen Märkte sorgen dafür, dass Benutzerströme über vielfältige Geschäftsmodelle genutzt werden können und die Erstellung von Gratisinhalten quersubventioniert werden kann.

Eine Keywordbranche kann somit als eine Anzahl Websites definiert werden, die für ein spezielles Keyword im Ranking von Suchmaschinen erscheint. Obwohl die Seiten derselben Keywordbranche angehören, ist es möglich, dass sich die Seiten verschiedener Anbieter hochgradig unterschiedlicher Themenfelder und Zielgruppen bedienen. Betrachtet man zum Beispiel das Keyword „Tagespflege“, so befinden sich in den Ergebnissen Anbieter von Senioreneinrichtungen, Vermittlungen von Tagesmüttern, Betreiber von Kindertagesstätten, Jobportale, Buchhändler und viele weitere.[33] Zweifelsohne lässt sich sagen, dass diese Unternehmen außerhalb von Suchmaschinen wohl kaum in derselben Branche tätig sind. Dies sollte auch bei der Betrachtung der Wettbewerber in Keywordbranchen beachtet werden.

3.3.1 Wettbewerber

Die Ermittlung der Wettbewerberdichte in Suchmaschinen unterscheidet sich grundlegend von der klassischer Branchen, da es sich um Keywordbranchen handelt. Es lassen sich zwei Ebenen betrachten. Die Ebene der bezahlten Einblendungen durch SEA und die Einblendung durch SEO. Google bietet zwar eine quantitative Wettbewerbseinschätzung, basierend auf der „Zahl der Inserenten, die für ein bestimmtes Keyword bieten“[34], dabei wird allerdings nicht mit einbezogen mit welcher Werbebotschaft in Google Adwords geworben wird und ob die Websites auch im organischen Listing durch die algorithmisch ermittelte Relevanz erscheinen würden. Somit werden auch Websitebetreiber aus irrelevanten realen Branchen in die Berechnung einbezogen ohne diese zu unterscheiden. Die Kennzahl ist zwar ein guter Indikator für die Wettbewerbsintensität zu Keywords im Bereich SEA, berücksichtigt jedoch nicht die Relevanz verschiedener

[32]: Vgl. Porter; Brandt et al. (2008), S.37
[33]: Analyse von zwanzig Suchergebnisseiten auf Google Deutschland am 25.11.2011
[34]: Google Adwords

Websites im SEO Bereich. Bezüglich der Letzteren lassen sich grundsätzlich vier Arten von Wettbewerbsverhältnissen innerhalb einer Keywordbranche unterscheiden.

	Gleiche Keyword-Zielgruppe	Andere Keyword-Zielgruppe
Gleiche Monetarisierungs-quelle	Direkte Wettbewerberwebsi-tes	Wettbewerbsferne Websites
Andere Monetarisierungsquel-le	Wettbewerbsnahe Websites	Irrelevante Websites

Tab. 3: Die Relevanz von Websites einer Keywordbranche

Quelle: Eigenes Modell

Wie bereits beschrieben können Keyword-Zielgruppen trotz gleicher Keywordbranche unterschiedliche Anfrageziele verfolgen. Somit kann unterschieden werden zwischen Websites, die Zielgruppen mit gleichen oder verschiedenen Anfragezielen avisieren. Außerdem erfolgt eine Betrachtung der Monetarisierungsmodelle, die sich aufgrund ähnlicher Themengebiete teilwiese überschneiden und durch mehrseitige Märkte eine Monetarisierung von gleichen Quellen erlauben.

Direkte Wettbewerbsrelevanz erlangen Websites, die identische Zielgruppen ansprechen und das gleiche Monetarisierungsmodell nutzen. Sie stehen in direkter Konkurrenz in den Rankings zu einem Keyword, sowohl um die Nutzer als auch um die Quellen monetärer Nutzung der Besucherströme. Wettbewerbsnahe Websites bearbeiten die gleiche Zielgruppe zu einem Keyword, nutzen jedoch andere Monetarisierungsquellen. Wettbewerbsferne und irrelevante Websites versuchen zwar auch für das gleiche Keyword in den Top Positionen der SERPs zu erscheinen, haben aber eine andere Zielgruppe.

Folglich könnte man eine genauere Berechnung der Wettbewerbsrelevanz innerhalb der natürlichen Suchergebnisse, also ohne den Einbezug von bezahlten Listings vornehmen. Es kann zusätzlich auch eine Unterscheidung in Website-Suche und vertikale Suche, wie am Beispiel der SERP (Tab. 3) getroffen werden.

$$seocom(y) = \frac{\sum_{s=1}^{z}\sum_{i=1}^{n}(\propto_{s_i} - o_i)\times\frac{z}{a_i}}{\sum_{i=1}^{n} a_i}, \qquad (2.1)$$ [35]

mit $(0{,}1; 0{,}5; 0{,}8; 1{,}0) \in \propto$ und

y = Anzahl betrachteter SERPs, $\propto$ = Wettbewerbsrelevanz,
i = Anzahl relevanter Keywords, s = Anzahl unterschiedlicher Websites für alle n Keywords,
a = Alle Sucherergebnisse, o = Ranking der eigenen Website (unabhängig von Anzahl),
z = Anzahl unterschiedlicher Websites.

Der seocom liefert einen Wert, der als Anhaltspunkt der Wettbewerbsdichte und Wettbewerbsrelevanz von Websites dient, die zu den (i) relevanten Keywords in den ersten (y) Suchergebnisseiten im organischen Listing ranken. Man ermittelt die verschiedenen rankenden Websites (s) für alle Keywords (n). Dabei gibt (z) die Gesamtzahl der unterschiedlichen Websites an, die zu allen Keywords gefunden wurden. Bei einer Website, die zu dem ersten und dem zweiten Keyword rankt, wird (z) also nur um eins erhöhen. Die Überlegung dahinter ist, dass Wettbewerber, die

[35]: Eigenes Modell

ebenfalls zu verschiedenen relevanten Keywords ranken, Suchmaschinenoptimierung für die gleichen Keywords betreiben. Unterscheiden sich die Websites in den Ergebnissen zu zwei relevanten Keywords ist dies ein Indikator dafür, dass der SEO Wettbewerb nicht so groß ist. Man berechnet den SEO Wettbewerb ($seocom$) wie folgt. Man summiert die Relevanz (α) der unterschiedlichen Websites (s) abzüglich des eigenen Rankings (o) für die relevanten Keywords (i). Die Relevanz wird abhängig von den in Tab.3 gezeigten Wettbewerbsverhältnissen bestimmt, wobei $\alpha = 1$ für direkte Wettbewerberwebsites und $\alpha = 0$ für irrelevante Websites steht. Dieser Wert wird multipliziert mit der Gesamtzahl der unterschiedlichen Websites (z) und dividiert durch alle Suchergebnisse zum Keyword (i). Nach der Summenbildung im Zähler wird dessen Ergebnis durch die Summe aus allen Ergebnissen für alle (Keywords) im Nenner geteilt.[36]

Der berechnete Wert gibt Auskunft über die Relevanz der Wettbewerber, die zu verschiedenen relevanten Keywords ranken und ob diese für mehreren Seiten vertreten sind. Je identischer die Konkurrenzwebsites in verschiedenen Suchergebnissen, also je mehr SEO diese für gleiche Keywords betrieben haben und je identischer Zielgruppen und Monetarisierungsquellen, desto höher der Wettbewerb.

Es ist dabei auch wichtig, zu beachten, dass sich teilweise die Rankings der Suchergebnisseiten in kürzester Zeit stark verändern können. Man sollte deshalb regelmäßige Veränderungen in der Wettbewerbsdichte und -relevanz als normale Flexibilität des seocom betrachten. Um die Flexibilität abzubilden, könnte ein Zeitfaktor (t) zur Verrechnung der seocom Werte über einen gewissen Zeitraum implementiert werden. Es wird quasi der durchschnittliche Wettbewerb gemessen.

Es gilt somit:

$$seocom(t) = \frac{\sum_{t=1}^{u} seocom(y_t)}{t} \qquad (2.2)$$

Die dynamische Veränderung der Rankings bedeuten auch, dass die Eintrittsbarrieren für Konkurrenten relativ niedrig sind. Deshalb ist es wichtig über neue Konkurrenten in den Suchergebnisseiten informiert zu sein.

3.3.2 Neue Konkurrenten in den Suchergebnisseiten

Neue Konkurrenten treten in einer Keywordbranche recht häufig auf, da SERPs nicht statisch sind und somit neue Websites in den Rankings erscheinen können. Analog zu obig erläutertem Konzept ließen sich neue Konkurrenten nach Wettbewerbsrelevanz einteilen. Eine regelmäßige Kennzahl könnte berechnet werden, indem man die unterschiedlichen Websites (s) durch die unterschiedlichen neuen, zuvor nicht in den Suchergebnissen erschienenen Websites (f), ersetzt. Dies setzt natürlich voraus, dass man eine regelmäßige Berechnung oder eine ex ante Datensammlung anstellt, was sich größtenteils als sehr komplex und umfangreich darstellt, da oft mehr als zehn Keywords relevant sind und oft nur die erste Suchergebnisseite betrachtet werden soll. Daher empfiehlt es sich aufgrund des hohen Rechenbedarfes zur Kalkulation der Formel auf professionelle Kalkulationsprogramme zurückzugreifen oder ein eigenes Programm zu schreiben.

---

[36]: Siehe Berechnungsbeispiel im Anhang unter A.1

3.3.3 Verhandlungsmacht der Lieferanten und Abnehmer

Die Unterscheidung zwischen Lieferant und Abnehmer fällt in einer Keywordbranche deutlich schwerer als in der klassischen Wirtschaft, denn sowohl Lieferanten von Content als auch Abnehmer können simultan die Rollen des anderen übernehmen. Lieferanten ermöglichen es deren Inhalte zu nutzen, sind jedoch meist gleichzeitig Empfänger von transaktionsrelevantem Content. Abnehmer dieses Content übernehmen durch Erstellung eigener Inhalte und durch das Generieren von transaktionsrelevanten Informationen auch die Rolle des Lieferanten.

Als Abnehmer werden generell Internetnutzer bezeichnet, die eine Website aufsuchen um Inhalte zu nutzen. Diese verfügen über eine enorme Verhandlungsmacht, die jedoch durch die starke Dezentralität und Anonymität der einzelnen Abnehmer nicht direkt an den Tag tritt, sondern erst, wenn diese ausgeübt wird, indem eine Website keine Besucher erhält. Lieferanten haben zwar ebenfalls eine große Verhandlungsmacht, diese wird jedoch durch den Faktor der Querfinanzierung gemindert. Für Google beginnt der Wertschöpfungsprozess von Portalen zwar zunächst bei den Inhalten, die durch Lieferanten übermittelt werden, um im zweiten Schritt Transaktionen von Abnehmern, also den Websitenutzern zu generieren, wenn jedoch diese keinen Nutzen in den Inhalten sehen, können Lieferanten dies auch nicht ändern.

3.3.4 Ersatzprodukte

Als Substitute für Portaldienstleistungen und Content bestehen Produkte aus der klassischen Wirtschaft außerhalb des Internets. Beispielsweise kann eine Portalseite für Altenheime durch ein physisch vorhandenes Branchenbuch ersetzt werden. Der heutige Trend zeigt jedoch in Richtung digital im Internet verfügbare Inhalte. Eine im November 2011 vom Marktforschungsunternehmen Psyma veröffentlichte Studie für den Betreiber der Telefonauskunftsservices Klicktel und „11880" zeigt, dass Online-Branchen-Verzeichnisse mit 47 Prozent die beliebtesten Werbemittel der befragten Unternehmen sind. An zweiter Stelle liegen mit 46 Prozent gedruckte Branchenbücher. [37]

Zwar fließen die Investitionen noch zu 87 Prozent in klassische Printmedien, die lokale Anzeigen ermöglichen, die Online Medien gewinnen jedoch an Wichtigkeit. Die Betrachtung der Ersatzprodukte sollte jedoch trotz allem nicht vernachlässigt werden, denn wenn dem Nutzer der Mehrwert zu habitualisierten Informationsgewinnungsprozessen über Bücher oder Telefondienste nicht ersichtlich ist, wird ein Contentanbieter im Internet Schwierigkeiten haben Nutzer auf seine Website zu lenken. Dies gilt vor allem in Branchen, in denen die Internetaffinität der Zielgruppen nicht so stark ausgeprägt ist.

[37]: Vgl. Telegate (2011), S.7

4 Suchmaschinenmarketing als Teil des Online-Marketing-Mix

Zunächst sollte der Begriff Online-Marketing und dessen Anwendung definiert werden. In der Literatur wird die Zurechenbarkeit des Online Marketings zum klassischen Marketing kontrovers diskutiert. KOLLMANN vertritt dabei die Ansicht, dass „der Begriff Online-Marketing[...] kein neues Marketingverständnis im Vergleich zur traditionellen Definition von Marketing"[38] beinhaltet, sondern lediglich eine Ergänzung des traditionellen Marketing-Mix um innovative Formen der Online-Kommunikation darstellt. An dieser Stelle seien Mercer[39] und Dohmann[40] als weitere Vertreter dieser Ansicht genannt.
Im Gegensatz dazu versteht LAMMENETT Online-Marketing als „Maßnahmen oder Maßnahmenbündel, die darauf abzielen Besucher auf die eigene oder ganz bestimmte Internetpräsenz zu lenken [...]"[41] und fordert, wie auch Kolibius eine Loslösung des Online-Marketing-Mix von den klassischen „4P's".[42] Die Diskussion beschränkt sich größtenteils auf die Frage, ob es eine vom klassischen Marketing losgelöste Online-Marketing Strategie geben kann, oder ob diese in die „4 P's" implementiert wird.

KOTLER beschreibt Marketing als Prozess „durch den Einzelpersonen und Gruppen Bedürfnisse und Wünsche befriedigen, indem sie Produkte und andere Dinge von Wert erzeugen, anbieten und miteinander austauschen."[43] Setzt man diese Definition als gegeben voraus, ist Online-Marketing eine Erweiterung des klassischen Marketings um weitere Instrumente, die im Internet Anwendung finden und teilweise den „4P's" zugeordnet werden können. Der Marketing-Mix muss jedoch um die Bereiche Suchmaschinen und Social Media ergänzt werden. Diese Elemente unterscheiden sich hinsichtlich der Neuartigkeit der Kommunikationskanäle und des Kaufentscheidungsprozesses von den bisher bekannten Instrumenten und sollten deshalb keinem der „4 P's" zugeordnet werden. Somit konnten sechs Teilbereiche des Online-Marketings identifiziert werden, wobei das Marketing für Mobiltelefone als eigenes Themengebiet unabhängig vom Online-Marketing angesehen wird. Die Elemente lassen sich mit dem „DIGITS Model" zusammenfassen (siehe Abb 4.1).

[38]: Kollmann (2009), S. 293
[39]: Vgl. Mercer (2003), S. 78
[40]: Vgl. Dohmann (2002), S. 266
[41]: Lammenett (2009), S. 3
[42]: Vgl. Kolibius (2001), S.163
[43]: Kotler; Armstrong et al (2010), S. 39

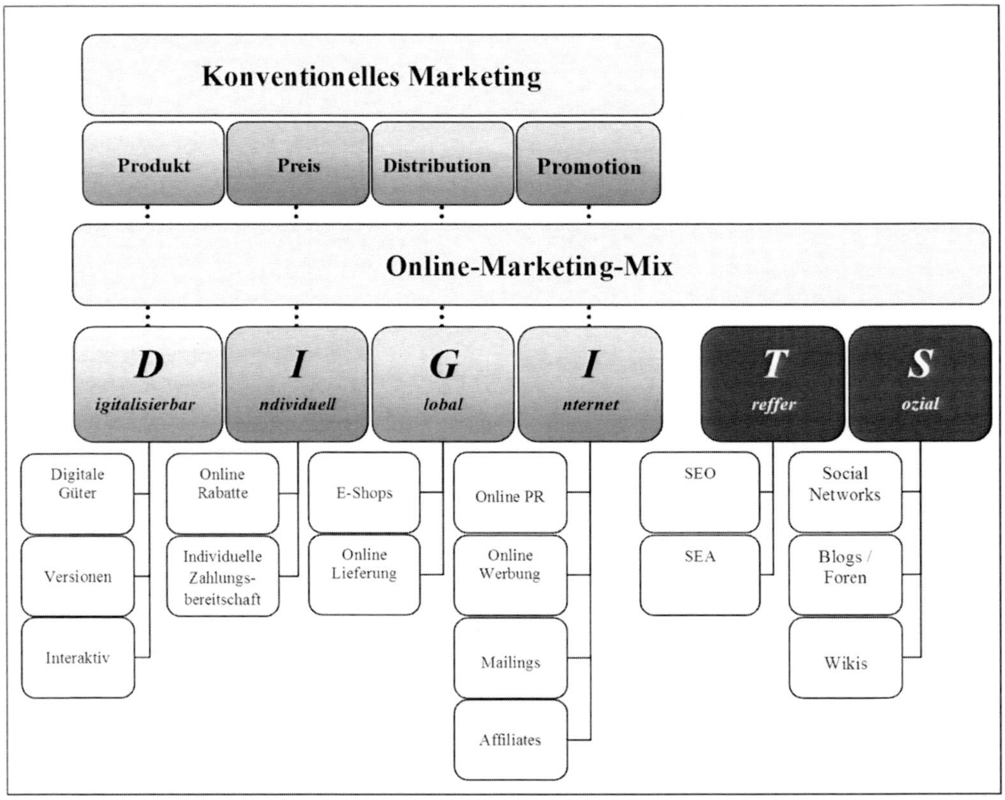

Abb. 4.1: Das DIGITS Model – Der Online-Marketing-Mix als Erweiterung der „4P's"

Quelle: Eigene Darstellung in Anlehnung an Lammenett (2009), S.190 u. Bogner (2006), S.56

4.1 Digitalisierbare Produkte

Die wohl gravierendste Innovation bezüglich der Marketing-Dimension Produkt ist die Digitalisierbarkeit. Vor allem Güter mit der Möglichkeit sie in elektronischen Binärcode umzuwandeln bieten neue Chancen und erweitern das potentielle Produktsortiment. BLIEMEL und FASSOT bezeichnen die potentielle Eignung eines Produktes zur Digitalisierung und zum digitalisierten Vertrieb.[44] Dabei kann es sein, dass der E-Share, also der Anteil des Produktvertriebs über elektronische Wege hinter dem E-Potential bleibt, so zum Beispiel bei Kinofilmen. Kollmann unterteilt das E-Potential weiter in digitale Beschreibbarkeit, Beurteilbarkeit und anhand des digitalen Beratungsaufwandes.[45]

Aufgrund geringer Kosten, stetig wachsender Kapazität und flexibler Nutzungsmöglichkeit ist der Speicherplatz, also sozusagen das Lager für digitale Produkte, beinahe unendlich groß. Dies ermöglicht das Angebot von Produkten, die sonst als Ladenhüter aus einem Sortiment genommen worden wären. Natürlich nur unter der Prämisse, dass dieses Produkt vollständig digitalisiert werden kann und somit nicht durch physische Präsenz Lagerkosten verursacht. Außerdem sind digitale Produkte ohne Qualitätsverlust reproduzierbar, da lediglich der elektronische Code kopiert werden muss. Durch die einfache Reproduzierbarkeit bieten sich weitere Chancen für digitale Produkte.

[44]: Vgl. Bliemel; Fassot et al. (2000), S. 193f
[45]: Vgl. Kollmann (2009), S. 64

Da der bestehende Binärcode, verändert und ergänzt werden kann, ist es möglich verschiedene Versionen, Bündelungen von Modulen und individualisierte Lösungen (Customization) anzubieten. Der Schlüssel der Versionierung ist die Verzögerung, bevor günstigere Versionen angeboten werden.[46] Dies wird nicht nur bei digitalen Produkten angeboten sondern auch bei klassischen Produkten, wie Büchern, Filmen und genaugenommen sogar bei Brötchen, die abends zu einem anderen Preis verkauft werden wie tagsüber. Das Prinzip der Versionierung digitaler Güter ist durch deren einfache Reproduktion eine gewinnmaximierende Strategie, da zunächst einmal die Zahlungsbereitschaft ausgenutzt wird, die Kunden für neue Produkte aufbringen. Ein gutes Beispiel hierfür ist Microsoft Office. Die neuere Version bietet meist keine wesentlichen Neuerungen und doch sind viele Benutzer bereit, höhere Kosten im Vergleich zur, eventuell für ihre Zwecke genauso geeigneten, Vorgängerversion aufzubringen.

An diesem Beispiel lässt sich auch die Bündelung erklären. Bündelung kann als eine Form der Versionierung angesehen werden. Es werden verschiedene Produkte in ein Produktpaket integriert. Von Microsoft Office gib es beispielsweise eine Student, Home und Professional Version. Diese verknüpfen verschiedene Module zu einem Komplettpaket. Bei der Bündelung werden teilweise auch Produkte eingebunden, die ein Benutzer eventuell nicht braucht. Dies kommt nur dann vor, wenn das Bündel durch den Anbieter erstellt wurde, um eventuell neue Produkte am Markt zu etablieren oder aufgrund mangelnder Nachfrage querzusubventionieren. Eine vom Nachfrager gesteuerte Bündelung, bei der selbst bestimmt wird, welche Module gebündelt werden, nennt man Customization (Engl.: Maßanfertigung). Da Maßanfertigungen mit hohen Kosten verbunden sind und die Reproduktion eines individuell angepassten Informationsgutes eine deutlich geringere oder keine Gesamtnachfrage zur Folge haben, wurde ein System als Kompromiss zwischen Kosten und Individualität geschaffen.

Die Mass Customization entstand aus der Hybridität von hohen Ersterstellungskosten und hohem Differenzierungspotential digitaler Güter. Die Interaktion zwischen Konsument und Produzent über das Internet ermöglicht in höchstem Maße die Individualisierung von Produkten. Jedoch muss ein Gleichgewicht zwischen Individualisierung und hohen Kosten bei Einzelanfertigung beachtet werden. Bei Anwendung des Konzepts der Mass Customization können Konsumenten interaktiv ihr eigenes Produkt aus einem modularen Baukastensystem generieren und auf eigene Nutzenkriterien hin konfigurieren. Dies ermöglicht die optimale Nutzung der Kostenstruktur, da keine teuren Einzelanfertigungen nötig sind und aus Kundenperspektive die Chance der Nutzensteigerung durch auf eigene Anwendungsspezifika konfigurierte Produkte besteht.[47]

4.2 Individuelle Preise

Es muss innerhalb der Preispolitik generell unterschieden werden, ob es sich um ein digitales Gut oder um Produkte bzw. Services handelt, die nicht digitalisiert werden können. Die Kostenstruktur von digitalen Gütern ist stark Fixkosten basiert. Es sind meist hohe Erstkopie Kosten (First Copy Costs), nötig um ein Produkt zu erstellen. Kann das Produkt nach Erstellung heruntergeladen werden, entstehen durch die Downloads kaum noch Kosten, die variablen Kosten gehen also gegen null. Dies führt zu sinkenden Grenzkosten und somit könnte das Produkt ab dem Übersteigen der Erstkopie Kosten zu sehr niedrigen Preisen oder gar gratis angeboten werden. Oftmals führt die Annahme eines genügend großen Marktes dazu, dass digitale Güter schon vor Erreichen des Break-Even-Points (vereinfacht Umsatz minus Erstkopie Kosten gleich null) zu vorweggenommenen günstigen Preisen angeboten werden. Online-Rabatte werden speziell dann genutzt,

[46]: Vgl. Shapiro, Varian (1999), S.55
[47]: Vgl. Bliemel; Fassot et al. (2000), S.197 ff.

wenn es verschiedene Vertriebswege gibt, da im Internet ein Teil der Transaktionskosten, wie Kundenberatung, Ladengeschäftskosten etc., wegfällt.

Das Gratisangebot von Gütern im Internet ist an sich natürlich keine Strategie, die dem Unternehmenszweck der Gewinnmaximierung dient. Es ist jedoch möglich durch Gratisangebote andere Produkte und Dienstleistungen entgeltlich zu verkaufen. Google bietet praktisch alle Services kostenlos an und erwirtschaftet den Gewinn durch bezahlte Werbeeinblendungen in den SERPs. Eine andere Strategie ist es, das Gut temporär limitiert gratis anzubieten, um die Marktbekanntheit zu steigern und später bei ausreichend großer Nachfrage auf ein Bezahlsystem umzustellen. Ein weiteres Modell, namens Freemium, ist zurückzuführen auf einen New Yorker Risikokapitalgeber namens Fred Wilson, der in seinen Blog ein Geschäftsmodell beschrieb, bei dem eine zahlungsbereite Gruppe Gratisleistungen für eine andere Gruppe unterstützt. Er schrieb: „Verschenke deinen Service, möglicherweise werbeunterstützt und gewinne sehr effizient viele Nutzer durch Mundpropaganda, Empfehlungsnetzwerke, Suchmaschinenmarketing etc., dann biete deinem Kundenstamm Services mit Mehrwert oder eine erweiterte Version deines Services zu Premiumpreisen an"[48]. Der Chefredakteur der amerikanischen Fachzeitschrift „Wired" übernahm dieses Modell in seinem in Fachkreisen sehr kontrovers diskutierten Buch „Free – Kostenlos: Geschäftsmodelle für die Herausforderungen des Internets".[49]

Außerdem ergibt sich theoretisch die Möglichkeit Preise vollständig individuell zu gestalten. Anhand von anonymisiert erhobenen Daten, die das Nutzerverhalten auf einer Website in Form von sogenannten Cookies erfassen, können Preise anhand der ausgeführten Aktionen, der Verweildauer und nach anderen Parametern festgelegt werden. Beispielsweise könnte mehrmaliges Besuchen einer Produktseite ohne folgenden Kauf den Preis für diesen Nutzer erhöhen. Vor allem im Bereich Tourismus sieht man diesen Prozess immer häufiger. Zwar ist es den Unternehmen rechtlich nicht möglich Preise für einzelne Konsumenten zu erhöhen, wenn jedoch spezielle Angebote häufiger aufgerufen werden wird der Preis für alle potentiellen Käufer erhöht, obwohl noch kein Kauf, also keine Verknappung des Angebots stattgefunden hat. Allerdings ist es in der Praxis durch die erhöhte Preistransparenz im Internet für viele Produkte nicht möglich die theoretische Individualisierbarkeit der Preise auszunutzen. Deshalb sollten Faktoren wie Wettbewerbsstellung, Produktindividualisierbarkeit und Grad der Preistransparenz berücksichtigt werden.[50]

4.3 Globale Distribution

Das Internet ermöglicht wie kein anderes Medium die Globalisierung des Absatzes. Es gibt dabei theoretisch kaum noch Distanzbarrieren. Für Informationen ist es mit Hilfe von Übersetzungsfunktionen von Suchmaschinen möglich, jeden potentiellen Kunden auf der Welt zu erreichen, der Zugang zum Internet hat. Die Anbahnung kann auch über Vertriebspartner (Affiliates) erfolgen, die potentielle Kunden aus ihrem lokalisierten Werbenetzwerk an eine Website weiterleiten. E-Shops sind virtuelle Verkaufsplätze im Internet. Charakteristisch ist die Darstellung von Produkten in einer übersichtlichen Form, mit Filterfunktionen und Zusatzinformationen. Da digitale Informationen Lagerkosten von quasi null haben, können E-Shops extrem effizient zur Anbahnung, Abwicklung und Lieferung eines Gutes genutzt werden. Zwar müssen materielle Produkte trotzdem in einem Lager bereitgehalten werden. Bei der Bestellung über E-Shops kann jedoch die Lagerung am Point of Sale entfallen. Es gibt außerdem einige Funktionen, die dem Nutzer einen Mehrwert verschaffen. Produkte in eine Favoritenliste oder eine Merkliste zu setzen und weitere

---

[48]: Wilson (2006)
[49]: Anderson (2009), S.37
[50]: Vgl. Riemer; Totz (2005), S.28 ff.

Produktvorschläge auf Basis der Kaufhistorie zu erhalten sind nur einige Möglichkeiten der effizienten Nutzung von E-Shops.

Wenn das angebotene Gut einen hohen Evaluationsbedarf hat, ist der Vertrieb über das Internet oft sehr schwierig. Dies ist vor allem bei komplexen, schwer beschreibbaren und nicht standardisierten materiellen Produkten, aber auch bei Produkten, deren zentrale Nutzeneigenschaft nicht vermittelt werden kann, der Fall. Beispiele wären eine unbekannte Südfrucht, die durch ihren Geruch auf den Hauptnutzen Geschmack Auskunft gibt oder eine Matratze, da der individuelle Liegekomfort wohl kaum beschrieben werden kann. Im Falle von digital lieferbaren Gütern besteht die Möglichkeit eine Evaluationsbarriere beim Kauf durch Testversionen zu vermindern. Bei erfolgreicher Anwendung verbindet der Vertrieb über E-Shops Distributionskanal und Distributionslogistik in einem komplexen Software System. Die Anbahnung findet über ein elektronisches Lager, durch hilfreiche Benutzerführung, Produktvorschläge und Vergleichsfunktionen statt. Der Kauf erfolgt durch die elektronische Übermittlung der Kaufabsicht und die logistische Auslieferung über den Download des Gutes oder durch die Zurverfügungstellung des Services.

4.4 Internet Promotion

Das Themenfeld der Internet Promotion oder auch Online Werbung ist ein vielfältiges und komplexes Themengebiet, das den Rahmen dieser Arbeit übersteigt. Daher soll nur auf wesentliche Aspekte dieses Online-Marketing Tools eingegangen werden. Der Online-Vermarkterkreis (OVK) als Teil des Bundesverbandes Digitale Wirtschaft unterscheidet in folgende Online Werbeformen: Affiliate-Marketing, Display Ads und Search Marketing.[51] Laut einer Prognose des OVK im Online Report 2011 werden im Jahr 2011 ca. 6,3 Mrd. Euro für Online Werbemaßnahmen ausgegeben. Mit rund 60 Prozent der Gesamtinvestitionen liegt klassische Online Werbung deutlich vor Suchwortvermarktung mit ca. einem Drittel und Affiliate-Programme mit etwa 6 Prozent der Werbeausgaben.[52]

In früheren Ausgaben des Reports wurde auch das E-Mail Marketing berücksichtigt, das wohl an Wichtigkeit im Online-Marketing verloren hat und somit nicht mehr in die regelmäßig erscheinenden Studien einfließt. Auch die Online-PR wird nicht genauer betrachtet. Trotzdem sollten diese beiden Werbemaßnahmen in die Beschreibung der Internet Promotion Maßnahmen einbezogen werden.

Affiliates sind Vertriebspartner, die über relevante Websites verfügen. Meist sind dies Werbenetzwerke, die den Partnern eine große Zielgruppenvielfalt anbieten. Es kann sich jedoch auch um Internet-Portale handeln, die als Affiliates fungieren. Das System ist simpel: Durch Einblendungen von Produkten oder Beschreibungen wird ein Kunde direkt auf die Website des Partners geleitet, wo eine Transaktion stattfinden kann. Sogenannte Trackingsysteme, also Systeme, die eine anonymisierte Verfolgung der Handlungen eines Nutzers ermöglichen, geben Aufschluss darüber, welche Aktionen von weitergeleiteten Benutzern durchgeführt werden. Dadurch ist eine erfolgsabhängige Vergütung für den Affiliate möglich.

Zu den Display Ads gehören prinzipiell alle Einblendungen von Werbebotschaften auf Seiten außerhalb von Suchmaschinen. Die klassischste Form des Display Ads ist die Banner Werbung. Ein Banner besteht normalerweise aus grafischen Elementen, die eine Werbebotschaft vermitteln sollen und bei Anklicken auf die Website des Werbetreibenden führen. Diese Banner können

[51]: Vgl. OVK (2011)
[52]: Vgl. BVDW (2011), S.7

durch Einsatz des Markenlogos zusätzlich für das Branding genutzt werden, was zum Beispiel in Suchmaschinenwerbung (noch) nicht möglich ist. Die Display Ads können grundsätzlich jede digitale Medienform enthalten. Bilder, Videos sowie Flash Animationen haben sich allerdings als Hauptmedienformen etabliert.

Es kann dabei zwischen Layer Ads, Pop-Ups und In-Page Ads unterschieden werden. Layer Ads öffnen sich teils automatisch teils durch Klick und öffnen eine Ebene vor der aktuellen Websiteansicht. Der Nutzer kann durch Schließen der Werbeanzeige wieder auf die die Websiteebene zurückkehren und wird nicht auf die werbetreibende Seite weitergeleitet. Bei Pop-Ups öffnen sich neue Fenster im Browser, die direkt auf die beworbene Website führen. In-Page Ads sind in eine Partnerwebsite integriert und leiten den Nutzer erst durch Anklicken weiter. Genau wie bei den Affiliate Programmen lassen sich die Handlungen einzelner Nutzer auf Websites feststellen, was besondere Formen der Vergütung ermöglicht.

Die Vergütung erfolgt seltener über den Tausender-Kontakt-Preis (TKP), da durch Werbeüberflutung des Internets die Wirkung einer Einblendung oft verpufft. Das wohl häufigste Vergütungsmodell sind die Kosten-pro-Klick, auch Cost per Click (CPC), nicht zuletzt, da dies auch das vorherrschende Modell bei der Bezahlung von Suchmaschineneinblendungen ist. Zudem gibt es Ansätze zur Vergütung anhand durchgeführter Aktionen auf der Website, auch Costs per Action (CPA) genannt. Darunter fallen die Modelle Cost per Order (CPO), also abhängig von der Produktbestellung und Cost per Lead (CPL) wobei ein Lead eine gewünschte Zielaktion auf der Website ist, wie zum Beispiel das Ausfüllen eines Rückrufformulars.[53] Die Zahlungsmodelle können natürlich flexibel verknüpft werden.

Das E-Mail Marketing ist eine sehr kostengünstige Werbeform, die über eine eigene Datenbasis oder den Zugriff auf fremde Werbenetzwerke, die einen E-Mail Adressen Pool aufgebaut haben funktioniert. Mailingkampagnen können auf potentielle neue Kunden oder auf Bestandskunden abzielen. Meist dienen Newsletter dazu bestehende Kunden über aktuelle Rabatte und Produktinnovationen zu benachrichtigen, wodurch Kundenbindung stattfinden soll. Generell bietet das Newsletter Marketing interessierten Kunden die Möglichkeit sich zu informieren und mit dem Unternehmen in Kontakt zu bleiben. Eine Werbemail an potentielle Kunden ist hingegen oft negativ besetzt, da die Seriosität eines Anbieters, den der Empfänger nicht kennt oft in Frage gestellt wird. Somit gilt, dass E-Mail Werbeaktionen zwar kostengünstig sind, bei Empfängern, die das Unternehmen nicht kennen, aber meist wenige neue Produktverkäufe mit sich bringen. Der Initialkontakt sollte daher stets über eine andere Werbeform erfolgen.

Sowohl Online-PR als auch Online Sponsoring zielen auf einen positiven Korrelationseffekt bezüglich der Marke und des Images ab. Dies sind im PR-Bereich häufig redaktionelle Texte auf der eigenen Website, in Onlinezeitschriften oder Expertenforen veröffentlicht werden, wobei das Online Sponsoring das positive Image des Sponsoringpartners auf die eigene Marke oder die Website übertragen werden soll. Gerade im Internet ist das Vertrauen eine Größe, die von Nutzern als äußert wichtig erachtet wird. Websites, die zum Beispiel Altenheime vermitteln, können durch einen Beschreibungsartikel auf der Seite des größten deutschen Fachverlages der Altenpflege-Branche ein erhöhtes Vertrauen aufbauen.

---

[53]: Vgl. Erlhofer (2011), S.27

4.5 Treffer Marketing

Das Treffer Marketing besteht aus Suchmaschinenoptimierung und Keyword Advertising. Letztere unterliegen im Vergleich zu den anderen Werbeformen größtenteils dem Pull Prinzip. Im Gegensatz zu Werbeeinblendungen, E-Mails etc. geht es hier nicht darum möglichst viel Aufmerksamkeit zu erzeugen um zu erreichen, dass Kunden sich über Produkte informieren. Es basiert vielmehr darauf, dass Kunden aktiv nach Produkten suchen, die ihren Nutzenkriterien entsprechen.[54] Es kann also von einer Reziprozität des Initialauslösers der Kaufentscheidung gesprochen werden.

Bei den Suchmaschinen fällt die Entscheidung eine Website zu besuchen nicht dadurch, dass diese einem als Anbieter zur Befriedigung des speziellen Bedürfnisses bekannt ist. Wenn der Konsument wüsste, wo er sein Bedürfnis befriedigen kann, würde er ja nicht suchen. Die Suche im Internet erfolgt auch nicht durch den Vergleich bestehender Angebote sondern über die Eingabe von Keywords. Es wird also nicht per Push-Strategie versucht ein Produkt an den Konsumenten zu bringen, indem man an zielgruppenrelevanten Kontaktpunkten den Nutzen des Produkts darstellt, sondern es entscheidet der Rankingalgorithmus einer Suchmaschine, also letztendlich die Suchmaschinenoptimierung (SEO) der Website oder das Bezahlen zum Erscheinen auf der ersten Seite der Suchergebnisliste (SEA), ob der Nutzer die Website besucht oder nicht. Ausgenommen ist hierbei die Suche nach einer Webadresse, die vergessen wurde oder aus Zeitgründen nicht ausgeschrieben wird. Hier kennt der Nutzer bereits den Bereitsteller, der das gewünschte Nutzenpaket anbietet.

4.5.1 SEO

Suchmaschinenoptimierung ist prinzipiell für alle Websites von Notwendigkeit, die in einer Suchmaschine gefunden werden wollen. Zwar gibt es genügend Beispiele von Websites, die sich auch ohne gezielte Optimierung auf Keywords eine gute Position in den SERPs der relevanten Suchbegriffe sichern konnten, diese hat jedoch meist damit zu tun, dass andere Seiten einfach noch weniger Optimierungsqualität aufweisen. Grundsätzlich gilt, dass die Rankingalgorithmen der Suchmaschinen wohl eines der bestgehütetsten Geheimnisse der Neuzeit sind,[55] was die Optimierung enorm erschwert. Es muss in jedem Unternehmen, das erfolgreich in den organischen Listings erscheinen will, ein branchen- und keywordabhängiges Know-How aufgebaut werden, das es ermöglicht eine zielgerichtete und individuell angepasste Optimierungsstrategie zu verfolgen. Dies ist nötig, da der Rankingalgorithmus wohl auch thematische Zusammenhänge erkennt und daraufhin andere Ergebnisse liefert, was man zum Beispiel erkennt, wenn man die Keywords „Pizza“ und „Pizza Tonno“ betrachtet. Für „Pizza“ erhält man Lieferdienste und Restaurants, die auch in Google Maps angezeigt werden, wobei „Pizza Tonno“ Bilder und Rezepte als Topergebnisse liefert. Der Pizzadienst sollte also nicht versuchen auf einzelne Namen von Pizzen zu optimieren.

Sobald das nötige Branchen Know How durch empirische Analyse gesammelt wurde, sollte der Prozess der Optimierung so gestaltet werden, dass alle verknüpften Unternehmensbereiche eine Sensibilität für SEO entwickeln. Eine ganzheitliche Umsetzung ist erfolgsentscheidend, da wenige Fehlgriffe eine Website schnell von den Top Platzierungen in den SERPs verbannen können. Suchmaschinenoptimierung ist kein Projekt, das nach einem bestimmten Zeitraum abgeschlossen werden kann, sondern erfordert viel Geduld und Kontinuität. Eine optimierte

---

[54]: Vgl. Düweke; Rabsch (2011), S.26-27
[55]: Vgl. Erlhofer (2011), S.25

Website entfaltet meist erst nach 6 bis 12 Monaten ihr volles Potential.[56] Außerdem bestehen Wechselwirkungen zwischen der Website auf Domainlevel, also quasi die aggregierte Optimierungsqualität für das komplette Websitekonstrukt und den Unterseiten, die einzeln optimiert wurden und von Suchmaschinen nach Relevanz bewertet werden.

Eine relativ prägnante Beschreibung der SEO Aktivitäten ist das COLT Prinzip[57], welches zwar von keinem SEO Experten entwickelt wurde, jedoch eine gute Übersicht für den SEO Prozess schafft. Das Akronym steht für:

- Content (Inhalt),
- Optimization (Optimierung),
- Links (Verlinkung),
- Time (Zeit).

Inhalte die dem Benutzer einen Mehrwert schaffen sind die Grundlage für die Optimierung, welche versucht, die Inhalte möglichst adäquat für eine Suchmaschine zu vermitteln. Die interne und externe Verlinkung bietet Suchmaschinen einen Hinweis, welche Seiten einer Website aus Sicht der Betreiber oder externer Quellen wichtig und interessant sind. Das Akronym könnte noch durch ein „S" für Social zum COLTS Prinzip[58] ergänzt werden, da Social Media in naher Zukunft auch eine große Rolle für die Suchmaschinenoptimierung spielen wird. Das Konzept soll hier lediglich einen Überblick des Optimierungsprozesses darstellen, da die einzelnen Punkte in den späteren Kapiteln (7 bis 9) noch genauer betrachtet werden.

4.5.2 SEA

Beim Search Engine Advertising (SEA), Suchmaschinenwerbung, erkauft bzw. ersteigert sich ein Websitebetreiber eine der vorderen Position in den Suchergebnissen einer Suchmaschine. Während Suchmaschinenoptimierung einem langfristigen Prozess darstellt, ist die Suchmaschinenwerbung eine gute Möglichkeit auch kurzfristig Besucherströme über Suchmaschinen zu erhalten.[59] Es werden dabei verschiedene Keyword-Kampagnen erstellt, die zum Beispiel das Ziel verfolgen, für einen gewissen Zeitraum in einer gewissen Region gut auffindbar zu sein. Die Suchmaschinenanbieter stellen dazu Tools zur Verfügung, die eine Steuerung und Analyse der SEA Kampagnen ermöglichen.[60]

Das SEA Tool von Google heißt AdWords. Hier werden einzelne Kampagnen angelegt, in denen bestimmt wird, zu welchen Keywords man Gebote abgibt und wie hoch das maximale Gebot für dieses Keyword ist. Bei seinem Gebot orientiert man sich am durchschnittlichen CPC (Cost per Click), also dem Durchschnittswert aus den Kosten aller Bietenden, die in Vergangenheit zu einer Einblendung auf der Suchergebnisseite zu diesem Keyword geführt haben. Es kann ein Tagesbudget angelegt werden, dass die weitere Einblendung und damit verbundene Kosten verhindern soll. Suchmaschinenwerbung ist ein beliebtes Marketingtool, da die Kosten gut kalkulierbar und der Erfolg über kostenlose Analysetools, die von Suchmaschinenanbietern angeboten werden, gut messbar ist. Erschwert wird die Messbarkeit natürlich dann, wenn kein direkter Umsatz durch Websitebesucher generiert wird und in den Analysetools Ziele ohne monetären Gegenwert festgelegt sind. Der Erfolg wird in diesem Fall über eine Konversionsrate gemessen mit Interaktionszielen ausgedrückt.

---

[56]: Vgl. Lindemann (2011), S.48
[57]: Vgl. Sattler
[58]: Vgl. Hohenberger (2011), S.10
[59]: Vgl. Petersen (2009), S. 320
[60]: Siehe Google Adwords, Microsoft AdCenter, Yahoo Search Marketing Network

4.6 Soziales Marketing

Das Soziale Marketing ist ein relativ neuartiges Instrument innerhalb des Marketings. Es zielt auf die sozialen Medien ab, welche als mediale Plattformen die Generierung und den Austausch von Inhalten global und uneingeschränkt ermöglichen, sofern Zugriff auf das Internet besteht. Die sozialen Medien entstehen also aus einer Basisstruktur in die „User-generated Content", also nutzergenerierte Inhalte veröffentlicht werden. Die erstellten Inhalte können drei Bereichen zugerechnet werden.[61] Zum einen ist es das Informationsmanagement, bei dem ein Austausch von subjektiv wichtigen Informationen stattfindet. Dazu zählen beispielsweise Bewertungen, Kommentare oder auch Statusnachrichten. Der zweite Bereich ist das Identitätsmanagement, welches die Informationen zu Attributen des Social Media Teilnehmers, auch Social Account genannt, wiederspiegelt. Das Profil eines Social Accounts beinhaltet diese Informationen.

Der dritte Bereich ist das Beziehungsmanagement bei dem Social Accounts Kontakte verwalten, pflegen und knüpfen. Es muss hierbei zwischen Individuen und anderen Entitäten wie Unternehmen, Marken, Produkten etc. unterschieden werden, da lediglich Individuen eigene Inhalte generieren können und dies stellvertretend für andere Entitäten tun. Es gibt verschiedene Anwendungen, die den Sozialen Medien zugerechnet werden können. Sie unterscheiden sich hinsichtlich Zugriffs- und Veröffentlichungsrechten sowie der zeitlichen Verzögerung der Kommunikation. Diese sollen nur in aller Kürze dargestellt werden.

- *Foren*: Sie dienen der asynchronen Diskussion innerhalb thematisch abgesteckter Sektoren, auch Unterforen genannt. Zum Großteil erfolgt die Nutzung durch homogene Gemeinschaften, meist Experten- oder Interessengruppen, die Informationen austauschen.[62] Foren werden durch Administratoren und Moderatoren systematisiert und überwacht

- *Blogs*: Der Blog oder auch Weblog ähnelt den Foren sehr, jedoch sind diese grundsätzlich von mehreren Autoren gemeinschaftlich gestaltet worden. Der Blog ist meist von einem Autor betrieben, der Themen anschneidet und auf Reaktionen und Kommentare wartet. Blogs können zu Foren mutieren, wenn der Hauptakteur zur Initialisierung einer Diskussion nicht mehr der Blogbetreiber ist.

- *Wikis*: Das Ziel von Wikis ist der Wissensaustausch. Es werden asynchron nutzergenerierte Informationen bereitgestellt, die editierbar und ergänzbar sind. Es erfolgt meist eine Qualitätskontrolle durch Mitarbeiter des Dienstanbieters.[63]

- *Soziale Netzwerke*: Soziale Netzwerke ermöglichen meist eine quasi- oder vollsynchrone Kommunikation der Social Accounts. Der Fokus liegt in sozialen Netzwerken, viel stärker als bei anderen sozialen Medien, auf den Beziehungen unter den Netzwerkteilnehmern. Außerdem bieten einige die Integration von Wertungsmechanismen in externen Inhalten an.[64]

- *Soziale Sharing Portale*: Nutzer können innerhalb von sozialen Sharing Portalen Inhalte auf einer Plattform ablegen und sie darüber mit anderen Nutzern teilen. Die bekannteste Form ist das Social Bookmarking. Dabei werden Lesezeichen, also Links zu speziellen Websites geteilt, verwaltet, kommentiert und aktualisiert.

---

[61]: Vgl. Hettler (2010), S. 13
[62] :Vgl. Stieglitz (2008), S. 94
[63]: Siehe hierzu Wikipedia (2011)
[64]: Facebooks „Gefällt mir Button" oder Googles „+1 Button"

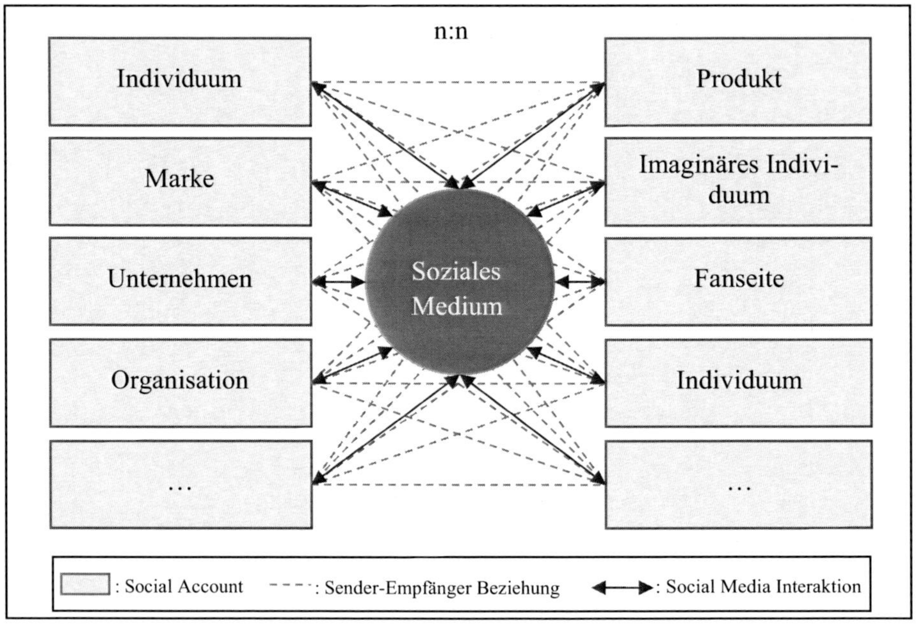

Abb. 4.2: n:n Kommunikation innerhalb der sozialen Medien

Quelle: Eigene Darstellung

Die Neuartigkeit dieser Medien ist über den Grad der Interaktion zu fassen. Während im klassischen Marketing oft keine One-to-One Kommunikation, also der direkte Kontakt zwischen Konsument und Produzent, möglich war, ist dies in Zeiten von sozialen Medien generell machbar. Die sozialen Medien ermöglichen sogar eine Kommunikationsstruktur, die mal als All-to-All oder n:n Kommunikation bezeichnen könnte.[65] Jeder Teilnehmer an sozialen Medien kann theoretisch mit jedem anderen in Kontakt treten. Dabei wird kein Dialog geführt, denn es besteht die Möglichkeit fremde Konversationen zu verfolgen und sogar daran teilzunehmen. In diesem Bereich ist auch zu erwähnen, dass Nutzer sich untereinander austauschen, Produkte bzw. Websites empfehlen und auf den Websites zeigen, welche Inhalte ihnen gefallen. Diese sogenannten „Social Signals" sind größtenteils nicht beeinflussbar und stellen daher sowohl eine neue Herausforderung als auch eine Chance dar.

Die Herausforderung liegt darin, dass im Gegenteil zu der Überschaubarkeit einer Konversation zwischen begrenzt vielen Kommunikatoren und Rezipienten eine hohe Komplexität der Kommunikationsströme sozialer Medien besteht.[66] Fehlentscheidungen innerhalb der Kommunikationsstrategie eines Unternehmens sind durch Diskussionen und Echo innerhalb der sozialen Medien schwerwiegender als in Zeiten einer limitierten Empfängeranzahl. Das Echo bezeichnet Nutzerreaktion auf kommunizierte Botschaften, welche weit über die ursprüngliche Intention hinausgehen kann. Sie können Proteste, Wiederstand, Parodien aber auch positive virale Marketingeffekte hervorrufen.[67] Hier zeigt sich die Chance der sozialen Medien, eine neue Form der Mundpropaganda.

[65]: Vgl. Hettler (2010), S. 17
[66]: Vgl. Matula (2011), S.23
[67]: Vgl. Hettler (2010), S. 92

5 Suchmaschinenanbieter und deren SEO-Richtlinien

5.1 Wichtigste Suchmaschinenanbieter in Deutschland

Die ARD/ZDF Online Studie zeigt, dass Suchmaschinen mit 83 Prozent, die am meistgenutzte Webanwendung der Deutschen sind.[68] Damit schlägt das Suchen innerhalb der Suchmaschinen erstmals die E-Mail Nutzung, die nun mit 80 Prozent knapp dahinter liegt. Vor allem eine Suchmaschine hat sich hierbei zum Marktführer weltweit entwickelt. Die Vorreiterposition ist weithin bekannt, jedoch sollte man genauer betrachten welche Suchmaschinen zusätzlich relevant sind.

Je nachdem welche Studie man betrachtet, hat Google in Deutschland einen Marktanteil von zwischen 85 und 95 Prozent. Die anderen relevanten Suchmaschinen in Deutschland sind Bing, T-Online und Yahoo. Sie haben zusammen einen Marktanteil zwischen fünf und elf Prozent. Im Folgenden wird hauptsächlich Google betrachtet, in der Annahme, dass Optimierungsmaßnahmen, die für Google relevant sind, auch positive Auswirkungen auf die Rankings bei anderen Suchmaschinenanbietern haben.

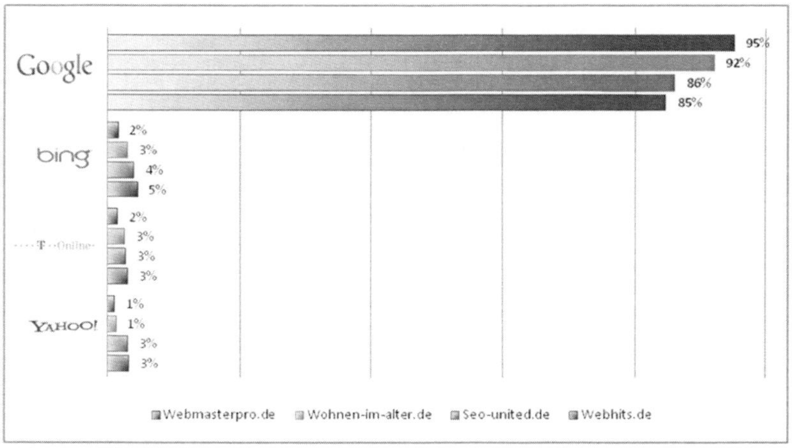

Abb. 5.1: Vergleich: Studien zu Marktanteilen der Suchmaschinen in Deutschland

Quellen: Webhits (2011); Seo-United (2011); WebmasterPro (2011) und Interne Analyse von Wohnen-im-Alter.de

5.2 Funktionsweise

Suchmaschinen basieren auf automatisierten Softwareprogrammen, die das Internet durchsuchen, und gefundene Inhalte in einer Datenbank, dem so genannten Index aufnehmen. Den Vorgang bezeichnet man auch als „Crawlen“. Die Seiten, die in den Index aufgenommen wurden dienen dem Bewertungsalgorithmus einer Suchmaschine, um sie auf Relevanz gewissen Keywords zu prüfen. Wurde eine Seite als relevant eingestuft, wird sie in einer Suchmaschinenergebnisseite eingeblendet. Im Fachjargon spricht man vom Ranking einer Website innerhalb einer SERP. Die Sortierung findet dabei über die Relevanz der Seite zu den eingegebenen Suchwörtern statt.

[68]: ARD; ZDF (2011)

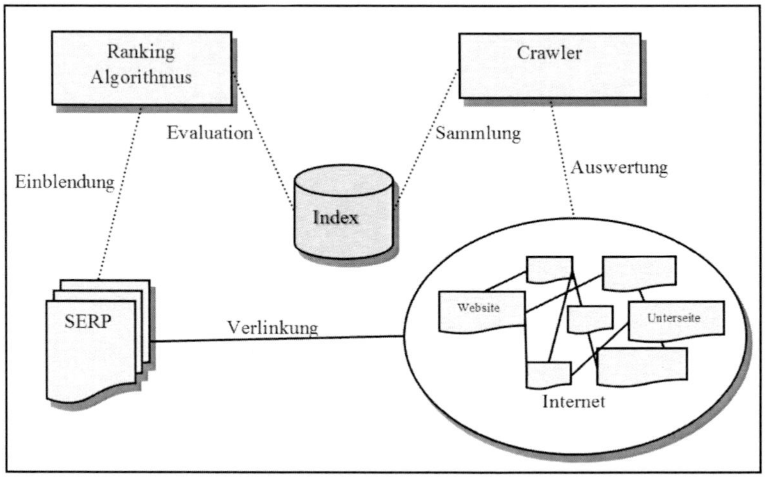

Abb. 5.2: Funktionsweise von Suchmaschinen

Quelle: Eigene Darstellung

Die relativ einfach wirkende Eingabe der Suchwörter im Suchfeld einer Suchmaschine, löst im Hintergrund komplexe mathematische Berechnungsvorgänge aus, die einem das beste Ergebnis zu dieser Suchanfrage, aus dem Englischen auch „Query" genannt, liefert. Die Evaluation erfolgt auf Basis des Indexes. Entgegen dem allgemeinen Verständnis von „im Internet suchen", werden somit eigentlich nur Inhalte durchsucht, die im Index einer Suchmaschine vorhanden sind. Es kann dadurch vorkommen, dass manche Inhalte anders aussehen oder nicht mehr verfügbar sind. Um den gesamten Prozess besser verstehen zu können sollte eine genauere Betrachtung der einzelnen Vorgänge anhand von Google erfolgen.

5.2.1 Datengewinnung

Beim Crawlen ermittelt ein sogenannter Robot, Bot, Spider oder Crawler, im Fall von Google heißt diese Software Googlebot, neue und überarbeitete Seiten. Dazu ist eine enorme Kapazität an Rechenleistung nötig. Wenn Google und andere Suchmaschine ihre Crawler nicht in der Geschwindigkeit und Häufigkeit des Crawlingvorgangs bremsen würden, wäre das Internet vermutlich dauerhaft überlastet. Es wird durch automatisierte Regeln festgelegt, wann und wie viele Inhalte von bestehenden Websites ausgelesen werden.

Bei dem Vorgang des Auslesens, der schon bekannten Seiten, überprüft der Googlebot nicht nur die Inhalte sondern auch alle Links einer Seite. Diese Links werden wiederum zu der Liste an Internetseiten hinzugefügt, die noch zu crawlen sind. Hinter dieser Idee steckt, dass jede Website, auf die ein Link zeigt erkannt wird und falls diese noch nicht im Index vorhanden ist, kann sie in die Datenbasis aufgenommen werden. Besucht ein Crawler eine neue Website, wird – falls vorhanden – zusätzlich zu den Links auf einzelnen Seiten auch die XML-Sitemap zur Gewinnung neuer Inhalte einbezogen. Die XML-Sitemap ist eine Auflistung aller oder der vom Websitebetreiber als wichtig definierter Unterseiten in einer speziell für Suchmaschinen generierten Listenform.

Der Googlebot analysiert die Inhalte, die auf einer Seite zur Verfügung stehen und extrahiert zahlreiche Elemente, Positionen, Kennzahlen, Wörter und vieles mehr. Diese Daten werden gesammelt in den Index eingetragen. Um welche Attribute es sich dabei handelt, wird später im Kapitel 8, On-Page Methoden, genauer behandelt.

5.2.2 Relevanzberechnung indexierter Daten

Nach Eingabe einer Suchanfrage bewertet ein Programm algorithmisch die im Index gespeicherten Auswertungen einer Internetseite. Dabei werden laut Angaben von Google ca. 200 verschiedene Kriterien berücksichtigt und es werden die Ergebnisse auf einer SERP eingeblendet, die Googles „Meinung nach am relevantesten für den Nutzer sind.“[69] Das bisher noch grundlegendste Kriterium bei der algorithmischen Ermittlung der Relevanz durch Google ist der PageRank. Zu weiteren Evaluationskriterien sind die Gewichtung und teilweise auch die Existenz nicht bekannt. Es gibt jedoch eine Reihe von SEO Experten und Fachmagazinen, die durch kontinuierliche Beobachtungen Rückschlüsse auf Bewertungsmechanismen ziehen. Dabei ist die Aktualität der Beobachtungen von allerhöchster Bedeutung, denn es wird geschätzt, dass es jährlich ca. 300 bis 500 kleinere und größere Updates am Algorithmus gibt.[70] Unter Update versteht man nicht die kontinuierliche Erweiterung und Erneuerung der Indexdaten oder die Neuberechnung des PageRanks (siehe Kapitel 8.1).

Diese Phänomene sind lediglich der Output bereits bestehender und eingesetzter Algorithmen, welche aufgrund ihrer Berechnungskontinuität zusammenfassend auch als „Everflux“, ein englisches Phantasiewort übersetzbar als „Dauerfluss“ oder „kontinuierliche Fluktuation“, bezeichnet werden.[71] Im Gegensatz dazu beziehen sich Updates auf die Algorithmen an sich und nicht nur auf die Aktualisierung derer Outputgrößen.

5.3 Richtlinien der Anbieter

Die Suchmaschinenanbieter stellen neben nützlichen Informationen und Tipps zur Gestaltung und Hinweisen zur Funktionsweise von Crawlern auch äußert wichtige Qualitätsrichtlinien für Websitebetreiber zur Verfügung. Darin enthalten sind sozusagen die Gesetzte der Suchmaschinenanbieter und es wird auf die verbreitetesten Manipulationsmethoden eingegangen. Der Grundsatz laut Google: „Erstellen Sie Seiten in erster Linie für Nutzer, nicht für Suchmaschinen. Versuchen Sie nicht, Ihre Nutzer zu täuschen. Stellen Sie zudem keinen Content für Suchmaschinen bereit, den Sie nicht für Ihre Besucher verwenden. Dies wird als "Cloaking" bezeichnet.“[72] Seiten, die speziell für Suchmaschinen zur Optimierung auf ein bestimmtes Keyword generiert wurden dienen folglich nicht in erster Linie dem Nutzer. Diese sogenannten Brückenseiten oder Landingpages werden dazu benutzt möglichst große Besucherströme durch Inhalte, die eventuell nichts oder nur wenige mit den eigentlichen Themenbereichen der Website zu tun haben abzugreifen.

Die Täuschung von Benutzern erfolgt durch Viren, Trojaner und andere schädliche Software, die bei Websitebesuch auf dem Gerät des Nutzers installiert werden. Wurde die Website selbst Opfer eines Dritten, warnt Google bei Entdecken eines schädlichen Programmes. Sollte diese jedoch absichtlich vom Websitebetreiber genutzt werden, erfolgt die Verbannung aus dem Index. Das sogenannte Cloaking, zu Deutsch Verhüllung entsteht durch verborgenen Text und Links auf einer Seite oder durch die unbemerkte Umleitung der Suchmaschinencrawler auf eine andere Seite, als die, die der Nutzer sieht. Außerdem wird explizit darauf hingewiesen, dass keine Software zur automatischen Rankingüberwachung benutzt werden soll.

---

[69]: Google Webmaster-Tools (2011a)
[70]: Vgl. Düweke; Rabsch (2011), S.277
[71]: Vgl. Cutts M. (2005)
[72]: Google Webmaster-Tools (2011b)

Neben den beschriebenen Verstößen können auch andere Verfahren der unfairen und trügerischen Methoden zur Verbesserung des Rankings geahndet werden. Hier sind Spamming, Keywordstuffing, sowie Linktausch bzw. Linkkauf zu erwähnen.[73] Das Spamming ist eine sinnlose Aneinanderreihung von Keywords zur Steigerung der Keyworddichte auf einer Seite. Das Keywordstuffing ähnelt dem Spamming, wobei die Keywords unnatürlich häufig in sinnenthaltende Texte eingebunden werden. Es sollte auch bei anderen Methoden nicht darauf gehofft werden, dass Manipulationsversuche die nicht bekannt sind toleriert werden.

Die Strafe für Verstöße gegen diese Richtlinien begründet sich nicht durch Legalitätsverstöße, die rechtlich geahndet werden könnten, sondern durch Herabstufung der Websites innerhalb der Rankings. Dies kann durch die eine Positionsverschlechterung in den SERPs oder durch eine komplette Entfernung der Seite aus dem Index der jeweiligen Suchmaschine geschehen. Nachdem so eine Abstrafung erfolgte, kann ein Websitebetreiber die Gründe der Abstrafung entfernen und eine Anfrage zur Neuerwägung (Engl.: Reconsideration Request) der Website stellen.[74] Es ist jedoch zu vermuten, dass dies eine dauerhafte Schädigung der Reputation der Website mit sich zieht.

Trotz dieser teilweise existenzbedrohlichen Konsequenz ist es in der Praxis üblich Monitoringprogramme zum Überprüfen der momentanen Rankings in Suchmaschinen einzusetzen und immer neue Wege zur Rankingverbesserung zu erforschen. Der Grundsatz dabei: Was Google nicht erkennt, wird auch nicht als Verstoß gewertet. In der Tat ist es sogar in manchen Fällen notwendig das Risiko der Entdeckung von Richtlinienverstößen in Kauf zu nehmen, da eine bessere Position viel bedeutet. Ab der dritten Seite ist es meist kein enormer Verlust mehr, wenn die Website im Ranking weiter nach hinten rückt. Auf den ersten drei Seiten der SERP zu erscheinen bedeutet dagegen einen enorm positiven Effekt. Außerdem lassen sich bei sorgfältiger Umsetzung bestimmte Verfahren zur Verbesserung des Rankings kaum oder gar nicht nachweisen. Die Suchmaschinenoptimierung kann hinsichtlich der Beachtung der Richtlinien in drei Kategorien eingeteilt werden.

Die White-Hat Optimierung nutzt alle verfügbaren Methoden, um das Ranking zu steigern, ohne dabei die Richtlinien der Suchmaschinenanbieter zu verletzen. Die Black-Hat Optimierung versucht durch trügerische Techniken die Rankingrelevanz einer Seite zu steigern ohne dabei die Richtlinien zu beachten.[75] Die Nomenklatur rührt wohl von früheren Western Filmen her, in denen Bösewichte schwarze und Helden weiße Hüte trugen. Es gibt jedoch auch eine Grauzone, die Grey-Hat Optimierung[76], deren Methoden zwar nicht explizit die Suchmaschinenrichtlinien verletzen, aber eventuell grenzwertig sind oder möglicherweise zukünftig gegen die Richtlinien verstoßen. Der inoffizielle SEO-Beauftragte von Google, MATT CUTTS, beantwortet in seinem Blog und dem „GoogleWebmastersHelp“ Kanal auf YouTube[77] regelmäßig Fragen von Websitebetreibern und klärt auf, ob eine Maßnahme richtlinienkonform ist.

---

[73]: Vgl. Jerkovic (2010), S. 362 f.
[74]: Dies geschieht indem die Website anhand der Qualitätsrichtlinien von Google angepasst wird
[75]: Vgl. Bailyn; Bailyn (2010), S. 145 ff.
[76]: Vgl. Düweke; Rabsch (2011), S. 471
[77]: Siehe hierzu www.mattcutts.com und www.youtube.com/user/GoogleWebmasterHelp

5.4 Ziele der Suchmaschinenoptimierung

5.4.1 Primärziel

Das Primärziel der Suchmaschinenoptimierung ist zunächst, die Rankingposition von Internetseiten innerhalb von SERPs durch Optimierung auf bestimmte Keywords zu optimieren. Damit verbunden ist die Optimierung der Klickrate, was in einer Steigerung der Besucherzahlen einer Website (Traffic) resultiert. Dieses Ziel betrachtet zunächst nicht, welche Aktionen die Nutzer auf der aufgerufenen Seite ausführen und hat daher aus globaler Unternehmensperspektive keine Aussagekraft über den Einfluss auf die Kernziele der Website.[78] Es ist theoretisch auch ohne aktiv betriebene Suchmaschinenoptimierung möglich eine gewinnbringende Website zu betreiben, die steigende Nutzerzahlen durch Direktzugriffe erreicht. Ein gutes Beispiel hierfür ist das soziale Netzwerk Facebook, welches mittlerweile sogar mehr monatliche Seitenaufrufe als Google aufweist.[79] Diese Strategie funktioniert jedoch meist nur bei Monopolen, da den Nutzern die Website und des angebotene Gut bereits bekannt sind. Aber gerade bei Content Aggregatoren wie Internet-Portalen, die Seitenzugriffe nicht durch Markenbekanntheit sondern durch angebotene Inhalte generieren, ist es eine wichtige Strategie durch SEO auf steigende Nutzerzahlen abzuzielen um Konversionen auf der Seite zu erhöhen.

5.4.2 Sekundärziele

Es ist eine Notwendigkeit sekundäre Zielgrößen der Suchmaschinenoptimierung zu bilden, da die Trafficsteigerung an sich keine Auskunft darüber gibt, ob die Nutzer im Endeffekt auch eine als Ziel der Website definierte Transaktion durchführen. Gäbe es beispielsweise eine Seite die nur aus sehr informativem Text bestünde, aber dem Nutzer keine weiteren Handlungen ermöglicht, könnte diese zwar enormen Traffic erzielen, würde aber nicht dem eigentlichen Zweck der Website dienen. Außerdem besteht meist ein Zielkonflikt zwischen Traffic und Absprungrate.[80] Die Absprungrate gibt an, wie viel Benutzer über eine Suchmaschine auf die Seite kamen und im Anschluss direkt wieder gingen. Der Zielkonflikt besteht darin, dass weitere Nutzer einer Seite, auch weitere Bedürfnisse haben, die durch identische Seiteninhalte befriedigt werden müssen. Das bedeutet, je mehr und komplexere Erwartungshaltungen, desto höher die Absrungrate.

Sekundäre Ziele einer Website sind teilweise äußerst schwierig zu definieren, vor allem, wenn eine indirekte Monetarisierung stattfindet. Dies ist bei Internet-Portalen meistens der Fall. Aggregierter Content wird genutzt, um Besucherströme auf die Website zu lenken und diese auf unterschiedliche Weise zur Monetarisierung zu nutzen. Aus diesem Grund werden gerne Ersatzgrößen herangezogen, die eigentliche Ziele wiederspiegeln. Es lassen sich drei Kernziele definieren, die auch simultan verfolgt werden können und wiederum Unterziele vereinen.

---

[78]: Vgl. Ceyp; Von Bischopinck (2009), S.116
[79]: Vgl. ComScore (2011b)
[80]: Vgl. Erlhofer (2011), S.56

- *Direkte Monetarisierung*: Im Idealfall kann der Traffic auf einer Seite direkt in monetär relevante Transaktionen verwandelt werden. Der Abschluss eines Kaufvertrages durch Angebot materieller und immaterieller Güter in unternehmenseigenen Shopsystemen ermöglicht die direkte Monetarisierung. Die Zahlungsströme fließen hier direkt vom Nutzer zum Websitebetreiber weshalb von nutzerseitiger Monetarisierung gesprochen werden kann. Eine weitere direkte Monetarisierung des Traffics erfolgt durch Werbeeinblendungen oder provisionsbasierten Geschäften bei Kauf eines Produkts in einem Partnershop. Anders als bei der nutzerseitigen Monetarisierung gehen die Zahlungsströme von Dritten aus. Für beide Formen gilt das Ziel die monetär relevanten Aktionen zu steigern.

- *Lead Generierung*: Eine Strategie der Lead Generierung erfolgt immer dann, wenn Produkte durch Komplexität und Erklärungsbedarf nicht online verkauft werden können oder weil die Transaktion zunächst überhaupt keine Monetarisierung ermöglicht.[81] Bei einem Abonnement-Modell zahlt ein Content-Lieferant beispielsweise nicht für den reinen Traffic. Es ist nötig, dass vom Abonnent vordefinierte Aktionen stattfinden, die höchst unterschiedlich geartet sein können. Ein Lead kann hierbei das Herunterladen von Informationsmaterial, das Anschauen eines Videos oder das Ausdrucken der Seite darstellen. All diese Transaktionen stellen für den Anbieter der Informationen zukünftiges mit Kaufkraft versehenes Interesse eines Nutzers dar. Eine weitere Interpretation von Leads zielt auf die Abgabe einer Kaufabsicht oder dem Interesse durch den Nutzer ab.[82] Hierbei können qualitativ hochwertige Leads, die einen späteren Kauf in der realen Welt in Aussicht stellen monetär genutzt werden. Entweder erfolgt die Verwertung selbst oder wie im Falle eines Internet-Portals, welches Content Dritter anbietet durch Verkauf an diese selbst oder an Wirtschaftsakteure, die nicht in Verbindung mit der Website stehen. Am Praxisbeispiel betrachtet erfolgt eine derartige Leadgenerierung über kostenlose Kontaktanfragen, in denen man Informationen zu Pflegeversicherungen anfordern kann.

- *Marktbekanntheit steigern*: Ein weiteres Ziel der Suchmaschinenoptimierung kann es sein die Marktbekanntheit zu steigern. Dieser Prozess stellt sich im Internet durch die stark technische und unpersönliche Struktur als sehr schwierig dar. In einer Suche werden lediglich Titel mit bis zu ca. 70 Wörtern und Beschreibungstext mit bis zu ca. 170 Wörtern eingeblendet. Über diese sehr nüchternen Textbotschaften ist es sehr schwierig Werbebotschaften zu vermitteln. Trotzdem ist es notwendig, dass die Benutzer sich durch diese kurzen Textausschnitte zum Aufrufen der Seite angesprochen fühlen. Meist werden dann visuell aufwendig gestaltete Websites präsentiert, die eine Werbebotschaft wesentlich effektiver transportieren können. Es sollte dabei berücksichtigt werden, dass Grafiken und Videoelemente keine Informationen für Suchmaschinencrawler beinhalten und das Ranking so erschwert wird. Das Ziel lautet also die Sichtbarkeit einer Werbebotschaft und der Marke in den SERPs zu erhöhen. Studien belegen, dass ein höheres Ranking von den Nutzern stärker wahrgenommen wird.[83]

---

[81]: Vgl. Lammenett (2009), S. 35
[82]: Vgl. Hassler (2010), S.309
[83]: Vgl. Ceyp; Von Bischopinck (2009), S.148

5.5 Prozessschritte der Suchmaschinenoptimierung

Um die nach einer Zieldefinition nötigen Prozesse der Suchmaschinenoptimierung ganzheitlich überblicken zu können, sollen im Folgenden kurz die einzelnen Prozessschritte beschrieben werden. Diese werden anschließend im Detail behandelt.

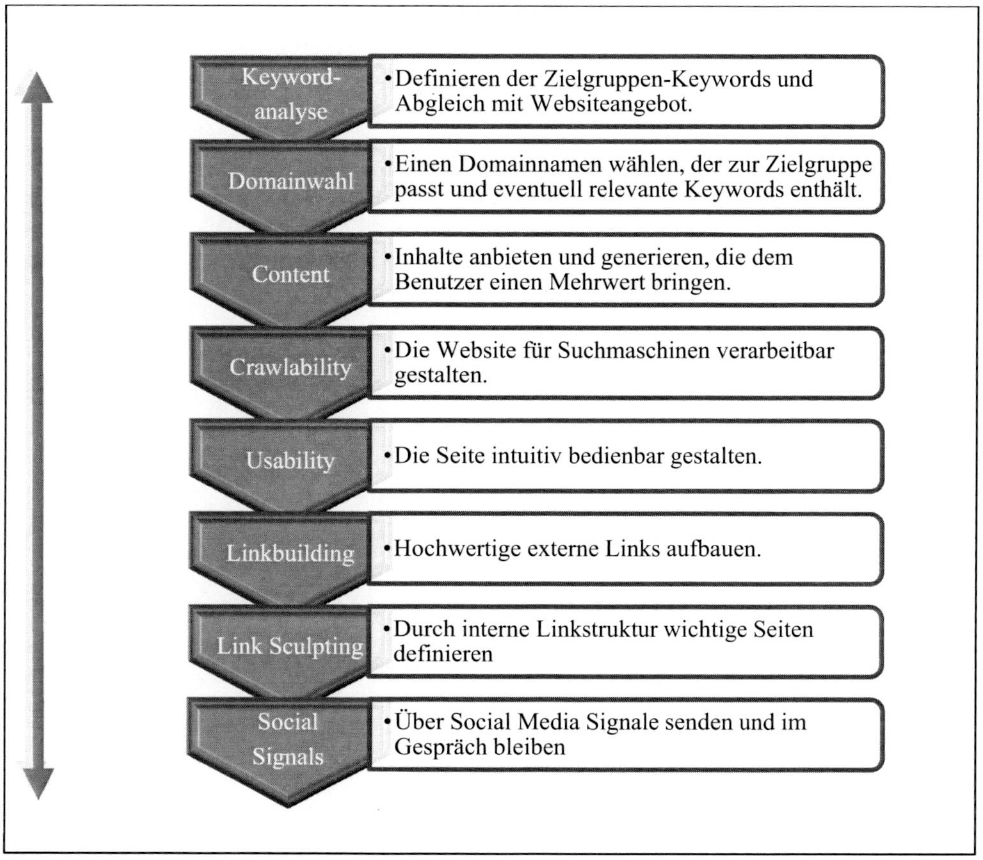

Abb. 5.3: Prozessschritte der Suchmaschinenoptimierung

Quelle: Eigene Darstellung

Die Grundlage einer jeden Optimierung stellt eine Keywordanalyse dar, um die Zielgruppe zu bestimmen und bei bestehendem Content die Schnittmenge aus bestehender Keywordfokussierung und Zielgruppenkeywords zu bilden. Will man eine neue Website eröffnen, kann aufgrund einer frühzeitig angewandten Keywordanalyse bereits die optimale Domainwahl, also die Auswahl der Adresse unter der eine Website aufgerufen werden kann, getroffen werden. Die Themenrelevanz der Domain spielt dabei sowohl für Nutzer als auch für die Bewertung durch Suchmaschinen eine Rolle. Wird bereits eine Website betrieben, ist die Frage, ob relevanter Content für die ausgesuchten Keywords vorhanden ist. Ist dies der Fall, sollte darauf geachtet werden, dass die Texte suchmaschinefreundlich gestaltet wurden, also unter Verwendung der Keywords, die das höchste Potential hinsichtlich Konversionsrate und Besucheraufkommen wiederspiegeln. Jedoch hilft jegliche Optimierung nichts, wenn die Internetseiten nicht von den Crawlern verarbeitet werden können. Bei einem erfolgreichen Crawlingvorgang wird auch die Usability, also Bedienbarkeit einer Website analysiert. Diese sollte sowohl für Suchmaschinen als auch für Websitenutzer gewährleistet sein. Der Aufbau qualitativ hochwertiger externer Links sorgt dafür, dass der PageRank einer Seite steigt.

Der PageRank, der auf einer Seite gesammelt wurde, kann über Linksculpting (Siehe Kap. 7.5.2), also der gezielten Verlinkung relevanter Seiten, die dem Benutzer gezeigt werden sollen, vererbt werden. Ein relativ neues Instrument sind die Social Signals. Bei diesen Signalen handelt es sich um positive oder negative Kommentare und Empfehlungen. Da der PageRank durch Kauf, Tausch oder Eigenerstellung von Links auf externen Websites leicht manipulierbar ist, werden die Signale aus Sozialen Netzwerken unter Experten als zukünftiger Ersatz des PageRanks angesehen.[84]

5.6 Keywordanalyse

Die Keywordanalyse bildet die Erkenntnisgrundlage der semantischen SEO. Aufgrund der Besonderheit von Suchmaschinenmärkten erfolgt die Keywordanalyse unter der Prämisse einer Push Strategie auf Seiten des Websitebetreibers und einer Pull Strategie auf Seiten des Websitenutzers. Die Analyse erfolgt also Website-intern und Website-extern. Bei der Website-internen Analyse wird davon ausgegangen, dass der bestehende Content ohne Anpassung genutzt werden soll, um ihn an eine Keywordzielgruppe zu vermarkten. Unter Vermarktung wird hier jegliche Form der Contentnutzung durch Websitebesucher verstanden, wobei eine direkte oder indirekte Monetarisierung erfolgt.

Des Weiteren analysiert man die Keywords aus Perspektive der Zielgruppen. Diese entscheiden sich durch Eingabe und Veränderung von Suchanfragen anhand von Keywords über das Potential der einzelnen Suchwortkombinationen und verfolgen so eine Pull Strategie. Darauf aufbauend sollte aus Sicht eines Content-Anbieters darüber entschieden werden, welche Keywords in die Optimierung implementiert werden. Es gibt beispielsweise einige Altenpflegeeinrichtungen, die ihren Einrichtungstyp als „Wohnen mit Service“ definieren, andere nennen diesen „Betreutes Wohnen“. Die Zielgruppe sind in beiden Fällen Senioren, die neben selbstständigem Wohnen kleinere Hilfestellung in Anspruch nehmen können. Der Unterschied ist nur, dass „Betreutes Wohnen“ monatlich ca. 200.000 Mal gesucht wird, „Wohnen mit Service“ hingegen nur ca. 10.000 mal. Aus diesem Grund ist es wichtig eine Schnittmenge aus der Website-internen und der Website-externen Keywordanalyse zu bestimmen und fehlende Keywords zu ergänzen sowie benutzerunfreundliche Keywords zu ersetzen.[85]

5.6.1 Website-interne Analyse

Bei der Website-zentrierten Analyse wird geprüft, auf welche Schlüsselwörter der Content einzelner Seiten zum Zeitpunkt der Analyse ausgerichtet sind. Dabei kann erkannt werden, ob eine Seite überhaupt eine klare Ausrichtung auf ein Keyword oder ein thematisch verknüpftes Keywordcluster aufweist und an welchen Stellen die Websites inhaltlich noch optimiert werden können. Dabei wird überprüft, welche Wörter häufig im Text benutzt werden, welche semantisch hervorgehoben sind und ob diese mit dem inhaltlichen Gesamtkomplex der Seite, bestehend aus Merkmalen wie Seitentitel, Seitenbeschreibung, eingehenden Linktexten etc. übereinstimmen.

Das Resultat dieser Analyse spiegelt zunächst lediglich eine Momentaufnahme der bestehenden Keywordfokussierung und damit der semantischen Gestaltung einzelner Seiten wieder. Optimierungspotentiale und zielführende Maßnahmen können erst nach einer Betrachtung aus Sicht der Websitezielgruppe und weiterer externer Faktoren erkannt und entwickelt werden. Sollte eine Website neu konzipiert werden ist es nützlich sich Gedanken über den Themenbereich zu machen und sinnvolle Keywords zu sammeln. Diese sollten im Anschluss durch die externe Analyse auf

---

[84]: Vgl. Chaters (2011), S. 236
[85]: Vgl. Ceyp; Von Bischopinck (2009), S.174

Erfolgsaussicht überprüft werden. In Keyword-Datenbanken finden sich themenverwandte Keywords, die das geplante Keyword-Portfolio erweitern.[86]

5.6.2 Website-externe Analyse

Bei der Website-externen Analyse gilt es nun die gesammelten Keywords oder die Ergebnisse der Bestandaufnahme aus externer Sicht zu überprüfen. Dabei spielen sowohl das Suchvolumen im Zeitverlauf als auch der Wettbewerb für das Keyword eine Rolle. Es sollte eine Suchvolumenuntergrenze definiert werden, unter der keine Keywords in das Portfolio aufgenommen werden bzw. unter der, falls möglich, eine Neufokussierung der Keywordausrichtung einer Seite vorgenommen wird. Es können dadurch auch Aussagen über die Priorisierung bestimmter Keywords getroffen werden. Für Google kann dies mit Hilfe des Google Adwords Keyword-Tools ausgeführt werden.

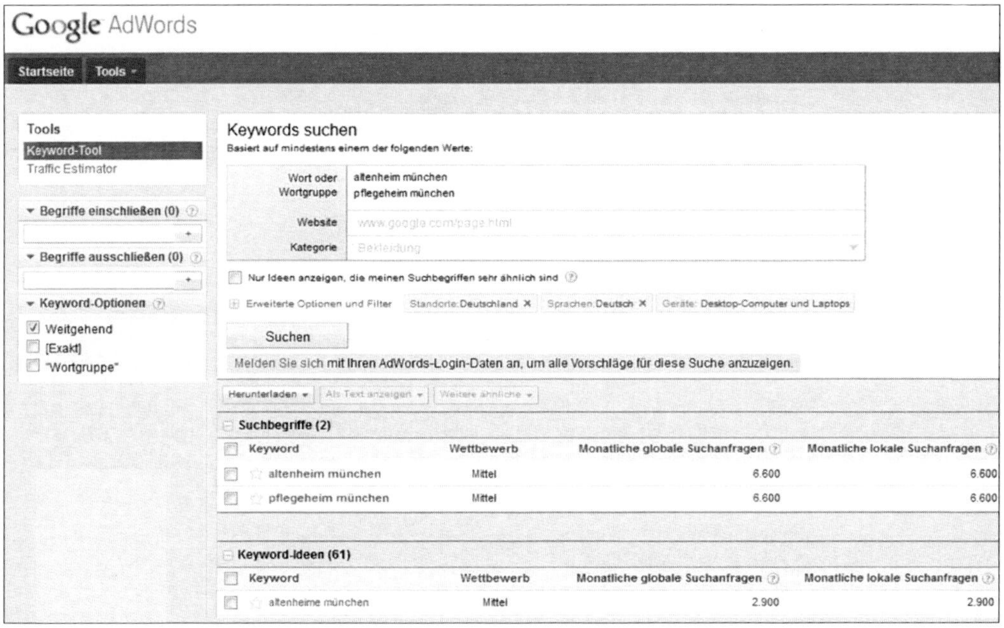

Abb. 5.4: Ansicht des Google Adwords Keyword Tool

Quelle: Google Adwords Keyword-Tool am Beispiel „Altenheim München" und „Pflegeheim München", Abfrage vom 17.11.2011

Nach der Eingabe definierter Keywords wird das monatliche Suchvolumen global, also weltweit und lokal im jeweiligen Land dargestellt. Bei diesen Zahlen handelt es sich um Jahreshochrechnungen, die als stark gerundete monatliche Mittelwerte angezeigt werden. Hat ein Keyword beispielsweise laut dem Google Keyword-Tool ein Suchvolumen von null, könnte es trotzdem bis zu 500 Mal im Jahr gesucht werden.

Betrachtet man nun mehrere hundert Suchwörter können 500 Suchanfragen pro Keyword in Summe ein enormes Potential darstellen. Der angezeigte Wettbewerb wird anhand der Bietenden für bezahlte Einblendungen in den Listings errechnet. Dies ist wie zuvor dargestellt nicht der beste Indikator für das organische Ranking, das mit SEO avisiert wird, kann jedoch als Orientierungswert übernommen werden. Auch hier ist es möglich einen Richtwert festzulegen, der zum Ausschluss eines Keywords aus dem Portfolio führt. Eine weitere äußerst wichtige Analyse stellt die Betrachtung der Keywords im Zeitverlauf dar. Hier kann erkannt werden, ob sich eventuell

[86]: Vgl. Koch (2008), S. 69

der Sprachgebrauch ändert und ob sich die Nachfrage nach dem Keyword insgesamt positiv oder negativ entwickelt. Zudem wird die Regionalität und Saisonalität bestimmter Suchwörter sichtbar. Auch hierfür bietet Google ein Tool namens Google Trends. Leider ist es bei zu geringen Suchvolumen nicht möglich, in diesem Tool Graphen zu erhalten. Deshalb eignet sich das Tool nicht zur Evaluation von Nischenkeywords.

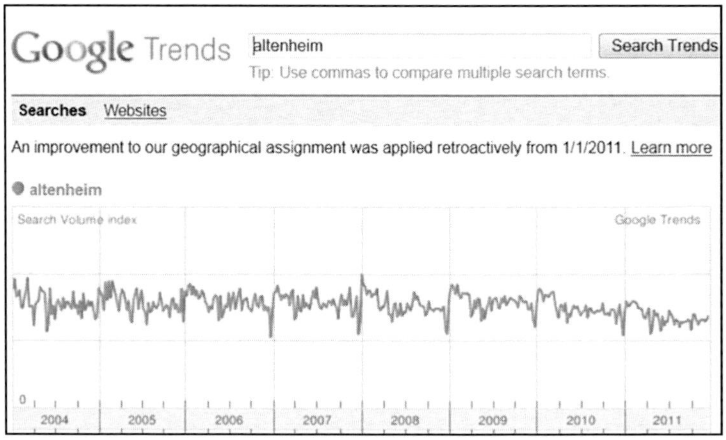

Abb. 5.5: Ansicht des Google Trend Tool

Quelle: Google Trends am Keyword-Beispiel „Altenheim", Abfrage vom 17.11.2011

Man erkennt, dass das Suchvolumen nach dem Keyword „Altenheim" im Durchschnitt recht konstant geblieben ist. Die saisonalen Schwankungen, deuten auf Besucherspitzen Anfang des Jahres hin, wobei die Schwankungen etwas nachlassen. Sollte ein stark zurückgehender Trend erkenntlich sein, ist es sinnvoll das Keyword nur unter Vorbehalt in das Portfolio aufzunehmen oder gar ganz darauf zu verzichten. Damit eine Website Erfolg haben kann, ist es nötig kontinuierlich Keywordanalysen zu erstellen und abschließend Schnittmengen aus intern bereits vorhandenen Keywords und externen Anforderungen an diese zu bilden. Suchbegriffe, die nicht die Richtlinien erfüllen, sollten genauer in Bezug auf Saisonalität und Regionalität überprüft werden, um die weitere Vorgehensweise zu bestimmen.

5.6.3 Longtail Keywords

Der Name Longtail Keyword wurde durch ANDERSON in seinem Buch „The Long Tail" geprägt. Er ist Chefredakteur der amerikanischen Computerfachzeitschrift „Wired". Er proklamierte, dass unendliche Auswahl, das ist was Konsumenten in Zeiten der Online Wirtschaft wollen und illustriert dies Anhand von Downloadzahlen von Nischenprodukten. Er zeigt dadurch, dass eine große Menge von wenig Nachfragepotential einen enormen Gesamteffekt aufwirft.[87]

Dieses Konzept wurde auf den Bereich Suchmaschinenoptimierung übertragen und mündete in der Definition des Wortes Longtail Keywords. Diese beschreiben wenig gesuchte Begriffe, die jedoch trotzdem zumindest eine kleine Anzahl an monatlichem Suchvolumen aufweisen. Dies sind meist längere Wortkombinationen oder sehr unpopuläre Begriffe, welche von Benutzern als Suchphrasen verwendet werden. Ein kurioser Ansatz der Longtail-Keyword Optimierung kann es auch sein, gezielt Seiten zu gestalten, die für falsch geschriebene Keywords optimiert sind. Zum Beispiel wird durchschnittlich 320 Mal im Monat nach dem Keyword „Seniorenheim" gesucht[88]. Es kann also durchaus zielführend sein, falsch geschriebene Suchwörter in das Portfolio aufzu-

[87]: Vgl. Anderson (2009), S. 16 ff.
[88]: Analyse über das Google Adwords Keyword-Tool vom 22.11.2011

nehmen, da der Wettbewerb für diese natürlich sehr viel geringer ist. Um eine genauere Vorstellung von der Relation zwischen Traffic, Keywordlänge, Konversionsrate und Suchvolumen zu vermitteln, erfolgt eine Darstellung dieser Größen in der Abbildung 6.4.

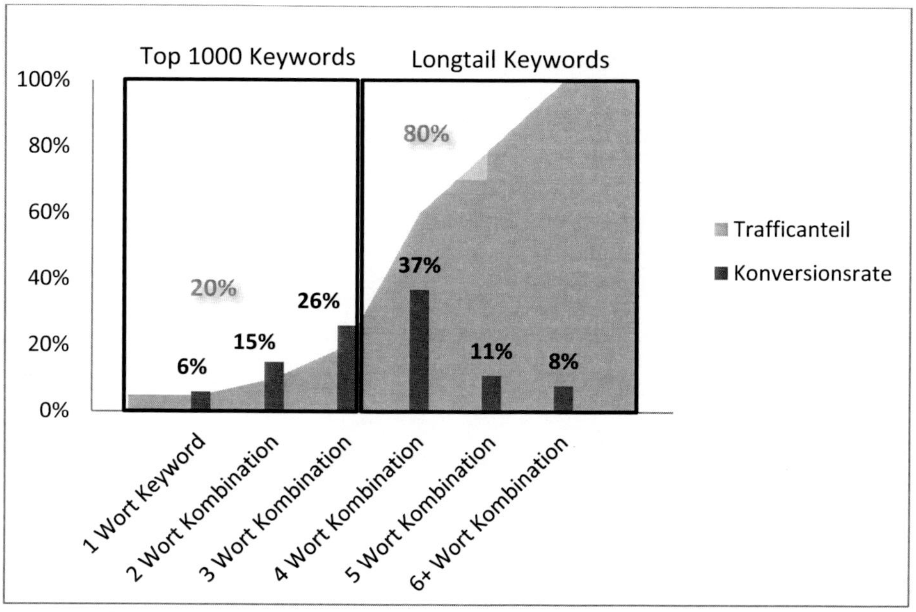

Abb. 5.6: Korrelation von Longtailkeywords und Konversionsrate

Quellen: Eigene Darstellung unter Verwendung von Fishkin (2009) und Fishkin R. (2010), Fol. 18

Es ist auffällig, dass in der Studie des SEO Fachautors[89] FISHKIN ca. 80 Prozent des Besucheraufkommens einer Website durch Keywordkombinationen, welche nicht in den Top Tausend vorkommen, generiert wird. In einer Analyse am Praxisbeispiel ist dieser Longtail-Effekt sogar noch deutlicher sichtbar. Nur ca. 10 Prozent des Traffics kommen hier durch die Top Tausend Keywords zu Stande.[90] Es ist ein außerdem ein logischer Prozess, dass durch Präzisierung der Suchanfrage mittels zusätzlicher Wörter ein passenderes Ergebnis durch Suchmaschinen geliefert werden kann, was im Endeffekt in einer höheren Konversionsrate auf der besuchten Website resultiert.

Zur Veranschaulichung der Relation zwischen Trafficanteil, Konversionsrate, Kombinationslänge und besucherstärksten Keywords (Top 1000) wurde die Annahme getroffen, dass Kombinationen von ein bis drei Wörtern die Top Tausend ausmachen. Dies kann durch die Analyse am Praxisbeispiel größtenteils bestätigt werden. Es sei darauf hingewiesen, dass dieser Verlauf vor allem für Portale zutrifft, die eine Vielzahl an Unterseiten und unterschiedlichem Content anbieten. Sollte ein Websitebetreiber nur wenige Seiten haben, kann die Kurve leicht verändert sein, sollte jedoch die gleiche Tendenz aufweisen.

Allerdings ist anzumerken, dass die Longtailoptimierung sehr komplex ist. Man betrachte allein die Anzahl an offensichtlichen Logtailkombinationen anhand des Praxisbeispiels. Es gibt ca.13500 Städte und Stadtteile, die über die Suche auf Wohnen-im-Alter.de verfügbar sind. In jeder Stadt kann man nach acht Einrichtungstypen auswählen. Zu jedem Einrichtungstyp kann nach sechs verschiedenen Pflegemerkmalen gefiltert werden. Berechnet man nun die Anzahl an

[89]: Siehe hierzu Enge; Spencer et al. (2009),

[90]: Analyse mit Hilfe von Google Analytics im Zeitraum vom 22.11.2011 bis 2011 unter Betrachtung der 1000 Tafficstärksten Keywords, gemessen am Gesamtbesucheraufkommen der Periode.

einzigartigen Kombinationen erhält man lediglich für die Kombination aus den drei Kategorien ca. 650000 Keywordkombinationen, für die Optimierung betrieben werden müsste ($Stadt \times Eintichtungstypen \times Pflegemarkmale = 13500 \times 8 \times 6 = 648000$). Man erkennt, dass große Websites schnell an die Grenzen der manuellen Machbarkeit stoßen, was jedoch nicht davon abschrecken sollte, sich adäquate Simplifizierungen und automatische, datenbankbasierte Lösungsansätze zu suchen, die zunächst keinen zusätzlichen redaktionellen Content beinhalten. Die Optimierung sollte kontinuierlich in Abhängigkeit des Besucherpotentials umgesetzt werden, welches für Google über das Adwords Keyword Tool[91] geschätzt werden kann.

[91] : Siehe hierzu Google Adwords Traffic Estimator

6 On-Page Methoden der SEO

Nachdem man eine detaillierte und zielgruppenorientierte Keywordanalyse durchgeführt hat, ist es ratsam sich zuerst einmal mit den Optimierungspotentialen auf der Website zu befassen, also der On-Page Optimierung. Vor allem Crawlability, HTML-Programmierung und redaktionelle Pflege sollten betrachtet werden, bevor man weitere Werkzeuge der Suchmaschinenoptimierung in Betracht zieht, die außerhalb der Website liegen. Diese werden untergliedert in On-Page und Off-Page Methoden. On-Page Methoden sind Maßnahmen der Suchmaschinenoptimierung, die direkt auf der eigenen Website umgesetzt werden können. Als Off-Page Methoden der SEO werden Optimierungspotentiale beschrieben, die außerhalb der zu optimierenden Website vorhanden sind. Websites sind Gesamtgebilde aus verschiedenen Unterseiten, bestehend aus elektronischen Inhalten. Streng genommen erfolgen somit die Optimierungsmaßnahmen auf der Startseite und auf einzelnen Unterseiten, deren Optimierungsqualität sich positiv oder auch negativ auf die gesamte Website auswirkt. Dabei werden bestehende oder neu erstellte Seiten für ein oder mehrere relevante Keywords optimiert.

Es könnte auch eine Untergliederung der Maßnahmen in Bezug auf die Beeinflussbarkeit durch den Websitebetreiber getroffen werden. Dabei ist interne und externe Optimierung zu unterscheiden. Interne Optimierung liegt im beeinflussbaren Umfeld des Websitebetreibers. Sowohl On-Page als auch Off-Page Optimierung können intern gesteuert werden. Eine interne On-Page Optimierung ist durch die Verwaltung der betriebenen Website gegeben. Auch interne Off-Page Optimierung ist möglich, beispielsweise durch den gezielten Austausch von Links mit themenrelevanten Websites.

Die externe Optimierung der Website kann nicht von Betreiber gesteuert werden. Sie kann als natürliche Optimierung angesehen werden, da nicht beeinflussbare Internetbenutzergruppen positiv oder negativ auf die Website verweisen oder sich über deren Inhalte in sozialen Netzwerken austauschen (Externe Off-Page Optimierung). Externe On-Page Optimierung erfolgt, wenn externe Benutzer die Möglichkeit haben, auf der Website Veränderungen vorzunehmen. So kann beispielsweise in einem offenen Blog jeder einen Kommentar schreiben. Dieser wird auf der Website veröffentlicht und erhöht den Unique Content dieser Seite.

6.1 Crawlability

Zu allererst sollte man sicherstellen, dass eine Website überhaupt durch einen Webcrawler ausgelesen werden kann. Laut MATT CUTTS, Leiter des Google Webspam Teams, liegt einer der Hauptfehler von Websitebetreibern darin, die Seite für den Googlebot nicht crawlbar zu gestalten.[92] Dabei sind einige Elemente für diese Programme nicht oder nur sehr schwer auslesbar. Google selbst gibt in seinen Webmaster-Tools den Tipp, Seiten zu generieren, die man problemlos ohne JavaScript, Flash, Cookies, Session IDs, Frames oder DHTML nutzen kann.[93] Diese dienen der dynamischen Veränderung von Inhalten auf einer Seite, ohne auf eine neue Unterseite zu leiten. Teilweise fällt in diesem Zusammenhang auch der Begriff Barrierefreiheit. Dieser kann sowohl bedeuten, dass die Seite für einen Menschen mit körperlichen Einschränkungen bedienbar ist als auch die Ermöglichung, dass ein Crawler die Inhalte auslesen kann.[94]

Die technische detaillierte Beschreibung von der Verarbeitung einzelner Website Elemente ist nicht Ziel dieser Arbeit, jedoch soll die Problematik der dynamischen Veränderbarkeit für

---

92: Vgl. Cutts M. (2011a)
93: Vgl. Google Webmaster-Tools (2011c)
94: Vgl. Schwarz (2008), S. 91

Crawler, also der Anpassbarkeit von Inhalten durch das interagieren eines Benutzers, am Beispiel von Flash-Elementen skizziert werden.

6.1.1 Dynamische Elemente

Flash-Elemente finden immer mehr Anwendung auf Websites, da sie eine grafische anspruchsvolle und interaktive Benutzerführung ermöglichen. Zur Darstellung dieser Inhalte benötigt man ein Plug-in, also ein Softwareprogramm, das zusätzlich in den Browser integriert werden muss. Diese Schnittstelle ist für Webcrawler schwierig zu handhaben, da sie auf statische Inhalte ausgelegt sind. Die Navigation, beziehungsweise Interaktion erfolgt im statischen Bereich über Links. Google hat zwar bereits 2008 einen Algorithmus zum Auslesen von Flash Elementen entwickelt und diesen kontinuierlich verbessert, jedoch werden in einem Report bestehende Probleme bei der Indexierung von Flash-Elementen und dynamisch gestalteten Seiten beschrieben.[95]

Erst kürzlich bestätigte MATT CUTTS auf der PubCon, einer SEO Konferenz in Las Vegas, dass der Googlebot mittlerweile die Fähigkeit habe, dynamischen Content zu indizieren und auch häufig JavaScript zu interpretieren.[96] Also trifft die Aussage, dass dynamische Inhalte „quasi Ausschlusskriterien für eine gute Positionierung in Suchmaschinen [sind]“[97] mittlerweile nicht mehr ganz zu. Bei der Eingabe von „the moon“ in Google erhält man beispielsweise auf der ersten Seite eine rein Flash-basierte Website zum Geburtstag der Apollo 11.[98]

Durch nicht auslesbare dynamische Elemente kann es allerdings passieren, dass der Crawler die Seite als leer betrachtet und diese somit natürlich nicht den Qualitätsansprüchen zur Einblendung in den Suchergebnissen entspricht, obwohl innerhalb der dynamischen Elemente eventuell qualitativ hochwertiger Content zur Verfügung steht. Es muss zwar nicht grundsätzlich falsch sein solche Elemente zu benutzen, da sie größtenteils das visuelle Nutzererlebnis erhöhen, sie sollten allerdings nicht genutzt werden um den Nutzer durch die Website zu führen oder keywordoptimierte Texte und Links anzubieten. In Expertenkreisen gilt „bei Inhalten, die besonders relevant für die Suchmaschinen-Optimierung sind, sollte [...] stets auf HTML [...] gesetzt werden.“[99]

Eine mögliche Lösung der erschwerten Crawlability könnte auch durch die simultane Bereitstellung des Contents mit Hilfe von dynamischen Inhalten und identischen Inhalten im HTML Format gelöst werden. Durch eine HTML-Version wird die Website besser in Suchmaschinen gefunden. Der einfache Wechsel zur dynamischen Version, kann das Nutzererlebnis steigern.

Innerhalb der Google Webmaster Tools erhält man in der Rubrik Diagnose die Möglichkeit zum „Abruf wie durch Googlebot“.[100] Seiten können über dieses Tool aus den Augen eines Crawlers betrachtet werden. Dabei ist es wichtig, dass die entsprechende Seite trotz der vorher genannten Elemente nutzbar ist und die Navigation durch die gesamte Website ermöglicht wird.

6.1.2 Verbesserung der Crawlability und Restriktionen

Ein weiterer wichtiger Faktor der Crawlability ist die Websitestruktur und die interne Navigation, denn trotz gegebener technischer Crawlability kann ein weiteres Problem beim Crawlvorgang entstehen. Crawler nutzen die interne Struktur um eine Website ganzheitlich zu erfassen. Sie

---

95: Vgl. Google Webmaster-Central (2010)
96: Vgl. Hundt (2011), S.16ff
97: Düweke; Rabsch (2011), S. 43
98: Abruf vom 8.12.2011
99: Erlhofer (2011) , S. 291
100: Google Analytics, Zugriff 7.12.2011

analysieren dabei die auf einzelnen Seiten befindlichen Links zu weiteren Seiten und gehen auf dieser Seite wiederum nach demselben Muster vor. Ist eine Seite also beispielsweise nur über einen nicht auslesbaren Inhalt oder gar nicht verlinkt, wird der Crawler diese auch nie finden und können. Deshalb sollte auf eine untereinander vernetze Websitestruktur geachtet werden.

Es ist ratsam die Website hierarisch aufzubauen und eine Struktur zu schaffen, die es ermöglicht von jeder Seite in jede andere Dimension innerhalb der Ebene, aber auch ebenenübergreifend zu gelangen. Sogenannte Sackgassen, also Seiten von denen aus man keine andere Dimension der Website mehr erreicht, stehen einer einfachen Navigation im Wege und dienen so weder Crawlern noch Nutzern. In Abbildung 7.1 ist eine hierarchische Websitestruktur mit interdimensionaler Navigationsmöglichkeit am Praxisbeispiel dargelegt.

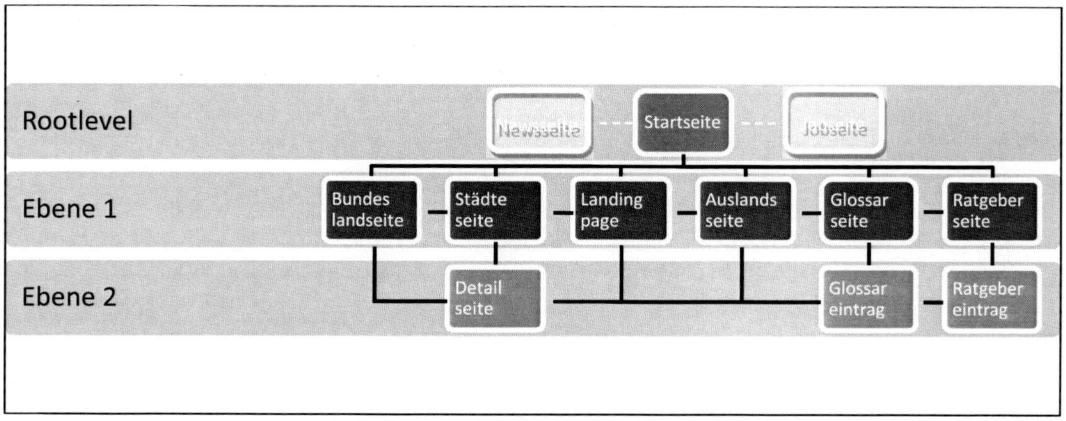

Abb. 6.1 Websitestruktur am Praxisbeispiel

Quelle: Eigene Darstellung

Als weitere Möglichkeit zur Verbesserung der Crawlability dienen XML-Sitemaps. Diese sind Übersichtsseiten der relevanten Seiten einer Website. Sie sollte die hierarchische Gliederung wiederspiegeln. Die Sitemap wird von Crawlern aktiv genutzt, um alle darin enthaltenen Seiten auszulesen und auf Relevanz zu überprüfen. In der Sitemap können Seiten integriert werden, die ansonsten aus vorherig genannten Gründen nicht auffindbar wären.

Sollte es nicht erwünscht sein, dass ein Crawler bestimmte Websitebereiche aufsucht, kann eine Datei namens "robots.txt" den Zugriff verbieten. Damit sollen Seiten, die keinen Mehrwert bieten oder interne Dateisysteme enthalten auch für Suchmaschinen unzugänglich gemacht werden.

6.2 Websitegeschwindigkeit

Während des Crawlvorgangs wird auch die Websitegeschwindigkeit berücksichtigt, um zu keiner Überauslastung der Serverkapazitäten beizutragen. Daher auch das Wort Crawler vom englischen „to crawl", kriechen oder krabbeln. Der Vorteil des Faktors Websitegeschwindigkeit ist, dass sie auch im Nachhinein, also bei einer bereits bestehenden Grundstruktur einer Website optimiert werden kann. Dies geschieht beispielsweise durch auf kleinere Auflösungen skalierte Bilddateien, weniger JavaScript-Elemente oder indem man versucht die Datenbank Abfragen zu reduzieren und besser zu strukturieren. Also nicht prüfe A_1 oder A_2 oder B_1 oder B_2 und gebe entsprechende Werte zurück, sondern prüfe A oder B und falls A, dann prüfe A_1 oder A_2. Hierbei sollte nicht die absolute Geschwindigkeit betrachtet werden sondern die Relative, gemessen an anderen Vergleichswebsites. Die durchschnittliche Ladezeit von 3,6 Sekunden sieht in absoluten Zahlen recht klein aus, ist jedoch langsamer als 61% Prozent aller überprüfter Website und bedarf somit der Optimierung.[101]

6.3 HTML-Programmierung

Der wichtigste Bereich der On-Page Optimierung erfolgt in der Programmierung des HTML-Codes, da hier der gesamte Content eingebettet wird. Dies geschieht heutzutage größtenteils über sogenannte CMS (Content Management System), Datenverwaltungssysteme, selten auch durch direktes hochladen einzelner HTML-Dokumente auf einen Server. HTML ist ein Akronym für Hypertext Markup Language, also übersetzt Hypertext Aufzeichnungssprache. Dahinter steckt eine relativ simple Programmiersprache, die Texte mit Hyperlinks und Struktur-und Steuerparametern anreichert.[102] Die Anreicherung erfolgt über HTML-Tags. Diese Kennzeichen sind stets durch die Position innerhalb der mathematischen Operatoren Kleiner-als und Größer-als gekennzeichnet. Sie liefern dem Browser die Information ob ein Element sichtbar dargestellt werden soll und wenn ja wie. In einem HTML-Dokument erfolgt die Unterteilung in Kopfbereich („<head>") und Körper („<body>").

6.3.1 Elemente im HTML-Kopfbereich

Im Kopfbereich finden sich wichtige Elemente der Suchmaschinenoptimierung. Teilweise sind diese auch für den Internetnutzer sichtbar. Deshalb sollte man den einzelnen Elementen große Aufmerksamkeit widmen, da zum einen das Erscheinen in Top Positionen der Suchergebnisseite davon abhängt und zum anderen der Benutzer aufgrund des darin enthaltenen Titels und Beschreibungstextes entscheidet, ob er die Internetseite besucht oder nicht. In der folgenden Abbildung werden die wichtigsten Elemente am Praxisbeispiel vorgestellt.

---

[101]: Websiteleistung des Praxisbeispiels laut den Google Webmaster-Tools (20.11.2011)
[102]: Vgl. Wenz; Hauser et al. (2003), S. 59

```
<head>
<title>Altenheime, Pflegeheime und Seniorenheime in München</title>
<meta name="DESCRIPTION" content="Die Suche auf Wohnen-im-Alter.de nach Altenheime,
Pflegeheime und Seniorenheime in München erbrachte 65 Treffer."/>
<meta name="KEYWORDS" content="Altenheime, Pflegeheime, Altersheime,
Seniorenheime, Demenz, Mit Bewertung, München" />
<meta name="ROBOTS" content="INDEX,FOLLOW" />
</head>
```

Altenheime, Pflegeheime und Seniorenheime in **München**
www.wohnen-im-alter.de/**altenheime**-pflegeheime-**muenchen**.html
Die Suche auf Wohnen-im-Alter.de nach **Altenheime**, Pflegeheime und Seniorenheime in **München** erbrachte 65 Treffer.

Abb. 6.2: Kopfbereich im Seitenquelltext und Suchergebnis am Praxisbeispiel

Quelle: Eigene Darstellung[103]

Der Tag „<head>“ öffnet den Kopfbereich eines HTML-Dokuments und der Tag „</head>“ schließt ihn. Solange die anderen Elemente innerhalb dieses Bereiches stehen, ist es nicht von Bedeutung, in welcher Reihenfolge diese genannt sind. Den Titel einer Seite bestimmt man über den Tag „<title>“. Hierbei handelt es sich um das wohl wichtigste Attribut sowohl für SEO als auch für den Benutzer. In der Suchmaschinenoptimierung wird der Title in die Relevanzbewertung einbezogen und zählt somit zu einem der vielen Faktoren, die das Ranking der Website beeinflussen. Aus Benutzersicht sollte der Titel Aufschluss über den Inhalt einer Website geben und einen positiven Moment auslösen. Dieser positive Moment kann durch die reine Botschaft der Wörter oder durch konsumpsychologisch attraktive Wortwahl erzeugt werden. Im Beispiel lautet der Titel „Altenheime, Pflegeheime und Seniorenheime in München“. Die Botschaft bezüglich des Seiteninhalts ist klar. Hat der Benutzer nach Altenheimen in München gesucht wird er durch die Übereinstimmung seines Gesuchs mit dem Seitentitel einen positiven Moment erleben. Er hat etwas Passendes zu seiner Anfrage gefunden.

Aus der Perspektive der Suchmaschinen sollten möglichst relevante und themenverwandte Keywords im Titel enthalten sein, die den Inhalt der Seite wiederspiegeln. Nur so kann sichergestellt werden, dass die Seite zum richtigen Keyword rankt. In einer Analyse der ersten zehn Suchergebnisseiten ergab, dass Titel nach 45 bis 70 Zeichen abgeschnitten wurden. Die unterschiedliche Zeichenanzahl hat vermutlich mit der Relevanz der restlichen Wörter zu tun oder ob diese sich wiederholen. Die Ansprüche an den Titel aus Sicht der Benutzer und der Suchmaschinen stehen sich konträr gegenüber. Die Suchmaschine achtet technisch rational auf relevante Keywords, der Benutzer hingegen auf emotionale Aspekte. Hier sollte man eine Lösung suchen, die vorwiegend den Suchmaschinen entgegenkommt, da eine Seite, die nicht gefunden wird, auch gar nicht erst emotional vom Benutzer bewertet werden kann. Natürlich darf man den emotionalen Aspekt auch nicht komplett außen vor lassen, wobei dieser über die Beschreibung fokussiert werden kann.

---

[103]: Kopfbereich im Quelltext der Seite www.wohnen-im-alter.de/altenheim-pflegeheim-münchen.html und Suchergebnisanzeige bei Google vom 15.11.2011

Die Beschreibung, welche durch den HTML-Tag „<meta name=“description“ >“ eröffnet wird sollte optimalerweise ca. 145 bis 160 Zeichen haben, da sie danach abgeschnitten wird. Zwar schadet es dem Ranking nicht eine längere Beschreibung hinterlegt zu haben, es sollte jedoch darauf geachtet werden, dass die wichtigen Botschaften für den Nutzer, so wie die Keywords im sichtbaren Bereich liegen. Es ist äußerst wichtig, dass die Beschreibung für den Suchenden ansprechend gestaltet ist. Eine zu sehr technische oder rein suchmaschinenorientierte Beschreibung wird meistens nicht zu der gewünschten Handlung, also dem Besuch der eingeblendeten Website führen. Zum Thema Keywords in der Beschreibung fällt bei einer Analyse der SERP auf: Je besser die Position, umso näher stehen die eigegebenen Keywords beieinander. Dies könnte auf die Relevanz dieses HTML-Tags für das Ranking sprechen.

Ein weiteres Attribut wird über den HTML-Tag „<meta name=“keywords“ >“ eröffnet. Dies zu Zeiten von langsameren Crawlern und begrenzten Speicherkapazitäten des Index ein wichtiges Attribut zur Relevanzberechnung. Da es jedoch von den Websitebetreibern willkürlich gestaltet werden kann, sind der Manipulation keine Grenzen gesetzt. Diese Tatsache wurde damals SEO-Beratern und Websitebetreibern gerne als Möglichkeit der Trafficgenerierung genutzt. Nachdem Suchmaschinen effizientere Auswertungssysteme entwickelten und komplette Texte auf Relevanz hin prüfen konnten, wurde diese Form der Informationsgewinnung hinfällig, weshalb Google bei der Websuche die „"keywords"-Meta-Tags völlig außer Acht“[104] lässt.

Das Robots-Tag gibt den Crawlern Anweisungen, was sie mit den Seiten tun sollen. Es gibt dabei die Möglichkeit, den Crawler anzuweisen die Seite in den Index aufzunehmen („index“) oder diese nicht zu indizieren („noindex“). Eine Seite nicht zu indizieren ist sinnvoll, wenn diese keinen qualitativ hochwertigen Content beinhaltet oder für doppelten Content sorgt, da dieser negativ auf das Ranking der Website einwirkt. Zudem gibt es den Befehl an den Crawler Links auf der Seite zu verfolgen („follow“) oder zu ignorieren („nofollow“). Das Verfolgen von Links zu unterbinden ist dann nötig, wenn diese nicht selbst erzeugt wurden und folglich nicht für deren Qualität garantiert werden kann. Im Kapitel 8.3.2 wird der Grund dafür, der sogenannte Bad Rank, genauer beschrieben.

Zudem gibt es die Möglichkeit Seiten mit häufig wechselnden Inhalten zu kennzeichnen („noarchive“) und die Übernahme der Beschreibung aus redaktionell gepflegten Webkatalogen zu verhindern („noodp“). Diese Webkataloge ordnen Websites in ein systematisiertes Verzeichnis ein und fügen eine Kurzbeschreibung hinzu.[105] Der HTML-Code für diese Befehle beginnt mit „<meta name="robots"“. Über den Teil „content=" ">“, der das Robots-Tag schließt wird die konkrete Anweisung für den Crawler durch Kommas getrennt innerhalb der beiden Zollzeichen gesetzt. Ein Beispiel wäre „<meta name="robots" content="index, follow, noarchive, noodp">“. Die Anweisung für den Crawler wäre hier die Seite zu indizieren, Links zu verfolgen, die Seiteninhalte aufgrund häufig wechselnder Inhalte nicht im Zwischenspeicher zur Anzeige der Website in den Suchergebnissen zu speichern und die Beschreibung nicht von einem Webkatalog zu übernehmen.

6.3.2 Elemente im HTML-Körperbereich

Die eigentlichen Inhalte einer Website, die für den Nutzer sichtbar sind, befinden sich im HTML-Körperbereich, welcher über den HTML-Tag „<body>“ eröffnet wird. Suchmaschinen analysieren die einzelnen Inhalte sowie HTML Kennzeichnungen und bestimmen Themencluster und Hauptkeywords der Seite. In Larry Pages und Sergey Brins akademischer Arbeit zum

[104]: Google Webmaster-Central (2009)
[105]: Siehe hierzu dmoz (2011): Startseite

Entwurf einer Internetsuchmaschine heißt es, dass Google die visuelle Präsentation der Wörter analysiert und Merkmale wie Schriftgröße und semantische Hervorhebungen bei der Textanalyse im Vergleich zu dem übrigen Text stärker gewichtet werden.[106] Hierzu zählen HTML-Tags für semantisch logische und semantisch physische Hervorhebung. Die wichtigsten semantisch logischen Hervorhebungen erfolgen durch Setzen des „<em>“ Tags, welches für das englische „emphasize“, also betonen oder hervorheben steht sowie durch „<strong>“, welches den Text als gewichtig oder stark hervorgehoben definiert. Die Wörter werden beim „<em>“ Tag kursiv dargestellt, bei höherem Gewichten durch „<strong>“ ist die Schrift fett. Es findet also neben der rein physisch visuellen Funktion auch noch eine logische Wertung bezüglich der Wichtigkeit der markierten Wörter statt, weshalb von logischer semantischer Hervorhebung gesprochen werden kann.[107] Das physisch semantische Äquivalent zu „<em>“ ist „<i>“, welches den eingeschlossenen Text kursiv darstellt, zu „<strong>“ ist es der HTML-Tag „<b>“, der dem Browser den Befehl gibt, die beinhalteten Wörter visuell fett darzustellen. Es handelt sich hierbei um physisch semantische Hervorhebung, da der Text lediglich visuell hervorgehoben wird.

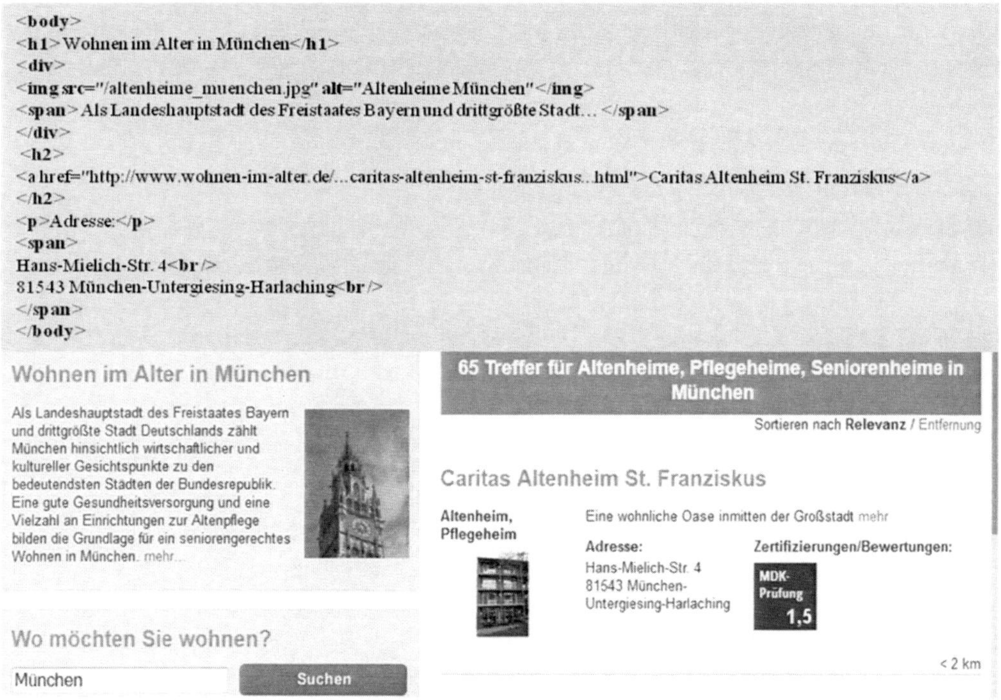

Abb. 6.3: HTML-Körperbereich und Anzeige auf der Seite am Praxisbeispiel

Quelle Eigene Darstellung[108]

Entgegen der Interpretation im Browser gewichten Suchmaschinen die physisch semantischen und logisch semantischen Äquivalente gleich[109], weshalb keine Ressourcen dafür verschwendet werden sollen um genau zu erörtern wo besser „<b>“ als „<strong>“, bzw. „<i>“ statt „<em>“ gesetzt werden sollte. Es ist jedoch wichtig, dass für die Suchmaschinen eine natürliche Verwendung der Elemente ersichtlich ist, da nicht gerne gesehen wird, dass aktiv versucht wird die

[106]: Vgl. Brin; Page (1998), S. 5
[107]: Vgl. Schulz (2008), S. 43
[108]: Ausschnitte aus dem Quelltext der Internetseite www.wohnen-im-alter.de/altenheime-pflegeheime-muenchen.html vom 3.12.2011
[109]: Vgl. Perkins (2009), S. 22

Relevanz einer Seite für den Rankingalgorithmus zu erhöhen. Hauptkeywords sollten daher in vernünftigem Maß hervorgehoben werden.

Die Gliederung und somit die Übersichtlichkeit einer Website wird durch weitere HTML-Tags ermöglicht. Überschriften sind laut Google ein wichtiges SEO Relevanzkriterium, da davon ausgegangen wird, dass diese thematische Schwerpunkte auf der Seite setzen. Die Überschriften können in Ebenen gegliedert werden. Nach der Überschrift eines Themenblocks, die über das HTML-Tag „<h1>“ definiert wird kommen Unterüberschriften „<h2>“, „<h3>“ etc. Die Überschriften werden in der Fachliteratur als zweitwichtigstes Element der On-Page Optimierung angesehen.[110] Aufgrund der inflationären Verwendung von „<h1>“ Tags zur Manipulation der Seitenrelevanz wird von einigen Experten die These vertreten, dass Unterüberschriften von den Rankingalgorithmen der Suchmaschinen höher gewichtet werden als die Überschrift „<h1>.[111]

Weitere Strukturierungsmerkmale die eventuell marginalen Einfluss auf die Bewertung der Usability haben sind die HTML-Attribute „<li>“ (Listenunterpunkt), „
“ (Neue Zeile) und „<p>“ (Paragraph). Als zusätzliche Strukturierungs- und Gestaltungselemente lassen sich CSS (Engl.: Cascading Style Sheets) verwenden. Sie geben Position und Design eines bestimmten Bereiches an und unterteilen den Textes anhand von den HTML-Tags „<span>“ und „<div>“. Während das „<span>“ Tag lediglich einen Bereich innerhalb eines Fließtextes abgrenzt sorgt das „<div>“ Tag für einen Zeilenumbruch.[112]

Es können durch zusätzliche Attribute weitere Medientypen, wie Verlinkungen mit Linktexten („<a href= "www.beispiel.de"> Linktext </a>“), Videos („<video src="/video.mpg" </video>“) und Bilder („<img src="/bild.jpg" </img>“) eingebunden werden. Um Videos und Bilder, die den Crawlern keine Hinweise zum thematischen Inhalt liefern können suchmaschinenfreundlich zu gestalten, werden ALT Texte („<[...]alt="Bildbeschreibung">“) innerhalb der HTML-Tags für Bilder und Videos verwendet, die auf das Ranking positiven Einfluss nehmen.[113] Das unbestritten wichtigste Element der On-Page Optimierung ist jedoch der Content im Fließtext. Um eine hohe Qualität zu gewährleisten sollten Texte redaktionell gepflegt und nicht automatisch, zum Beispiel durch Übersetzungssoftware, generiert werden.

6.4 Content Generierung

Der wichtigste Erfolgsgarant von Portalen ist die Generierung von Content, der für Nutzer einen Mehrwert haben und in allen Fällen dem Prinzip der Einzigartigkeit Sorge tragen sollte. Dabei gilt es nicht einfach darauf loszuschreiben. Die magischen Faktoren des Erfolgs sind jedoch nicht grammatikalische Korrektheit oder eine gute Gliederung. In der Welt der Suchmaschinenoptimierung zählen andere Werte.

6.4.1 Landingpages

Landingpages sind äußert wichtig für die Steuerung der Besucherflüsse auf einer Website. Die Ähnlichkeit zu Doorwaypages, welche laut Googles Qualitätsrichtlinien zu einer Abstrafung der Website führen, sollte Anlass zur sorgfältigen Erstellung und genauen Überwachung dieser Seiten geben. Während eine Landingpage mit Fokus auf Benutzer erstellt wird, die von Suchmaschinenergebnisseiten auf die Website gelangen, um diesen einen optimalen und themengerechten

[110]: Vgl. Keil (2011), S. 28
[111]: Vgl. Puscher (2008), S.88-92
[112]: Vgl. Musciano; Kennedy (2007), S. 63 u. 339
[113]: Vgl. Google Webmaster-Tools (2011a)

Einstieg in ein Thema, eine Rubrik oder eine Website zu geben sind Doorwaypages allein unter Suchmaschinenkriterien erstellt, um gute Rankings zu erzielen. Doorwaypages sind also Landingpages aber nicht umgekehrt.[114]

Landingpages enthalten optimalerweise keine Elemente, die von den eigentlichen Inhalten ablenken, welche den Benutzer zu einer passenden Seite führen sollen. Vor allem das erstellen von Sackgassenseiten, von denen aus der Benutzer keine weitere Möglichkeit erhält weitere Aktionen auf der Website auszuführen haben schwerwiegende Folgen. Neben der Enttäuschung des Nutzers, welcher diese durch Verlassen der Website manifestiert, steigt als Konsequenz die Absprungrate einer Seite, welche als Relevanzkriterium des Rankingalgorithmus dient. Eine Landingpage bietet idealerweise genau die Inhalte, die ein Nutzer bei Eingabe des Suchbegriffs, zu dem die Website gefunden wird, auffinden wollte. Zur optimalen Ausrichtung der Website sollten die Texte unter SEO Gesichtspunkten erstellt werden.

6.4.2 Textgestaltung und Keyword Dichte

Bei der Textgestaltung ist es sinnvoll ein Konzept zu erstellen, welches die relevanten Keywords eines Themas, die aus einer Analyse resultierten, zusammenfasst. SEO-Texte werden nicht einfach für den Leser geschrieben, der möglichst unterhalten werden soll. Es ist wichtig, dass auch Suchmaschinen eine Relevanz des Textes für die richtigen Keywords erkennen. Wird zum Beispiel ein Text über Altenheime in einer Stadt geschrieben, ist es wenig sinnvoll häufig das architektonische Meisterwerk dieser Stadt zu erwähnen, da Suchmaschinen darauf achten wie häufig ein Keyword vorkommt. Ein weiterer wichtiger Punkt, der dem Benutzer wohl gar nicht auffallen dürfte, ist die Einzigartigkeit des Textes (Unique Content). Suchmaschinen honorieren eigene Inhalte in höchstem Maße und sie setzen viel daran, durch verschiedene Signale den rechtmäßigen Autor ausfindig zu machen. Auch auf der eigenen Seite sollten mehrfach verwendete Texte zur Ausnahme gehören.

Die Texte sollten optimalerweise mehr als 300 Wörter enthalten, damit der Themenbereich durch die Suchmaschine präzise erfasst werden kann. Dieser Wert hat sich als inoffizielle Mindestrichtlinie in Fachkreisen etabliert, stellt jedoch kein allgemeingültiges Gesetz dar, das eine Suchmaschinenrelevanz kürzerer Texte ausschließt. Grammatikalische Konstruktionen, wie Negationen, Passiv, Adverbien, Präpositionen etc. tragen zwar zur Leserlichkeit eines Textes bei, sind für Suchmaschinen jedoch schwieriger in der Handhabung. Algorithmen müssen Singular und Infinitiv bilden, Kasus unterscheiden usw., um einem Text automatisiert eine gewisse Relevanz zuordnen zu können. Logisch, dass bei steigender grammatikalischer Komplexität auch die Analysefähigkeit der Algorithmen sinkt. Es sollte daher versucht werden einen goldenen Mittelweg zwischen informativen und komplexen Texten für Leser und suchwortfixierten Texten für Rankingalgorithmen gefunden werden. Im Allgemeinen zählen Grammatik und Rechtschreibung zwar nicht zu den direkten Einflussfaktoren in der Relevanzberechnung, es wird allerdings von MATT CUTTS eine Korrelation zwischen Textqualität und Verlinkungswürdigkeit einer Website dargestellt.[115]

Auf die Gliederung des Textes sollte besonders geachtet werden, da diese über HTML-Tags gesteuert wird, welche teils enorm wichtige Rankingfaktoren enthalten. Überschriften, Hervorhebungen und Auflistungen sind besonders davon betroffen. Es sollte darauf geachtet werden, dass Unterüberschriften sinnig gesetzt sind, also Überschrift 2 vor Überschrift 3 etc. Zudem sollte auf

[114]: Schwarz (2008), S. 91
[115]: Vgl. Cutts M. (2011b)

die korrekte Syntax der HTML-Elemente geachtet werden. Aus Suchmaschinenperspektive sogar mehr als auf Rechtschreibung und Grammatik.

Trotz nötiger Fokussierung auf Keywords ist es schädlich diese zu häufig zu benutzen, denn Suchmaschinen berechnen die Keyword-Dichte, also der Anteil von mehrfach genannten Keywords am Gesamttext. Bei Überschreitung einer gewissen Grenze wird eine Text durch Keyword Stuffing als Spam gewertet. Dies führt im schlimmsten Fall zur Verbannung der Seite aus dem Index der Suchmaschine. „Praxiserfahrungen legen heutzutage eine Keyword-Dichte von 3% bis max. 5% nahe.“[116]

Außerdem sollte darauf geachtet werden, dass die Anzahl der Links im Text nicht zu groß ist. Ein vernünftiger Anteil wäre ein Link pro Textabschnitt. Es ist anzuraten auch Medien in den Text einzubinden und diese über Alt-Texte (mit dem HTML-Tag „<[...] alt= [...]>“) themenrelevant zu beschreiben. Google hat mittlerweile eine Bildsuche auf den Markt gebracht[117], bei der man ein Bild hochlädt und durch Relevanzberechnung seitens der Suchmaschine versucht wird den Inhalt des Bildes zu finden. Diese Information lässt Rückschlüsse auf SEO-relevante Aspekte von Bildern zu. Es ist anzunehmen, dass auch hier Duplicate Content erkannt wird und negative Auswirkungen hat.

Um eine optimale Keyword Strategie in den Texten zu entwickeln sollte daher die latente Semantik verwendet werden, bei dem Wörter aus dem Themenbereich des Keywords hinzugefügt und verschiedene Kombinationen genutzt werden.[118] Auch für diese Kombinationen lässt sich das Suchvolumen über das Google Keywords-Tool bestimmen. Die latente Semantik beugt außerdem einer zu hohen Keyword-Dichte und somit dem Spamming auf der Seite vor, da es verschiedene Wort-Keyword Kombinationen bildet, welche Google als Signal der redaktionellen Pflege von Texten erkennt.

Da die interne Produktion suchmaschinenoptimierter Texte ein großer Kostenfaktor der Inhalte-Portale darstellen kann, ist es möglich Strategien der Textbeschaffung zu betreiben. Unter Crowdsourcing versteht man den Prozess, dass Inhalte von den eigentlichen Nutzern generiert werden. Dies kann durch Bewertungsfunktionen, Diskussionsforen und weiteren interaktiv gestalteten Kanäle erfolgen. Dies spart Kosten und schafft Unique Content, der unter SEO-Gesichtspunkten als hochrelevant betrachtet werden. Im Sinne der Aggregation von externen Inhalten, die im Anschluss transaktionsgenerierend genutzt werden, könnte auch eine Anpassung des Contents durch den Provider selbst geschehen. Am Praxisbeispiel geschieht dies zum Beispiel über eine Weihnachts-Aktionen bei der werbetreibende Senioreneinrichtungen angepasste Texte und Bilder liefern und im Gegenzug Vergünstigungen erhalten.

6.4.3 Keyword Kanibalisierung

Man sollte darauf achten, dass es nicht verschiedene Seiten gibt, die das gleiche Keyword fokussieren, da sonst ein Kanibalisierungseffekt auftritt. Suchmaschinen versuchen eine Diversität an Websites zu präsentieren und es wird daher nur äußerst selten vorkommen, dass mehrere Seiten einer Website zum gleichen Keyword in den oberen Positionen erscheinen.[119] Das Problem liegt hierbei darin, dass Seiten, die für den Benutzer eventuell hilfreicher sein könnten und damit auch höhere Konversationsraten erzielen würden, nicht als die relevanteste Seite von Suchmaschinen erkannt wird. Es sollte daher überprüft werden, ob eine Seite zu den avisierten Keywords

[116]: Ceyp; Von Bischopinck (2009), S. 211
[117]: Siehe hierzu http://images.google.de/
[118]: Lenz (2010), S. 106
[119]: Vgl. Enge; Spencer et al. (2009), S. 112

rankt oder ob sie versehentlich durch eine andere Seite, die eigentlich nicht für dieses Keyword ranken sollte verdrängt wird.

6.5 Interne Verlinkungsstruktur

Die interne Verlinkungsstruktur spiegelt die interne Vernetzung einzelner Internetseiten einer Website wider. Es wird dabei betrachtet, von welchen Seiten wie viele Links eingehen und welche Eigenschaften diese Links haben. Die interne Verlinkungsstruktur ist für Suchmaschinen ein Indikator dafür, welche Internetseiten ein Websitebetreiber für wichtig hält. Je mehr interne eingehende Links desto wichtiger die Seite. Um die Weitergabe von Relevanzkriterien zu verstehen soll zunächst das Linkjuice-Konzept betrachtet werden. Im Weiteren wird das Konzept von Link-Sculpting erläutert, welches die manipulative Beeinflussung des Wertigkeitsflusses ermöglicht.

6.5.1 Das Linkjuice-Konzept

Um die Wichtigkeit der internen Verlinkungsstruktur zu verstehen sollte das Linkjuice-Konzept näher erläutert werden. Dieses hat mit dem PageRank zu tun, der aufgrund eingehender Links erhöht wird. Je nach Anzahl und Qualität der Links kann ein PageRank von max. zehn erzeugt werden. Eine genauere Betrachtung der Berechnung erfolgt in Kapitel 8.1. Jede einzelne Unterseite einer Website hat einen eigenen PageRank, der als Relevanzkriterium dieser Seite für den Rankingalgorithmus einer Suchmaschine dient. Während externe Links einen Teil ihres eigenen Pageranks an die verlinkte Seite weitergeben, vererben Unterseiten der eigenen Website ihren PageRank durch interne Verlinkung. Dabei kann ein bestimmtes Maß der Weitergabe von PageRank ermittelt werden; der „Linkjuice" („Saft" eines Hyperlink-Verweises). Dabei verliert die Seite von der aus der Link kommt nicht ihren eigenen PageRank.

Der Linkjuice wird vereinfacht berechnet, indem man betrachtet wie hoch der aktuelle PageRank ist[120] und diesen durch die Anzahl ausgehender Links teilt. Um eine unendliche Vererbung des Wertes zu vermeiden gibt es einen Dämpfungsfaktor (Engl.: „Decay Factor"). Dieser wird auf ca. 10 bis 15 Prozent geschätzt.[121] Nun lassen sich natürlich Seiten bestimmen, die wichtiger und unwichtiger im Hinblick auf Zielgruppen und Konversionen sind. Um die Relevanz dieser Seiten in den Augen eines Rankingalgorithmus zu erhöhen ist es vorteilhaft durch eine optimale interne Verlinkungsstruktur dafür zu sorgen. Diese versucht jedoch natürlich auch eine benutzerfreundliche Navigation zu ermöglichen, weshalb nicht nur Links auf transaktionsgenerierende Zielseiten gesetzt werden können.

6.5.2 Link-Sculpting

Durch Link-Sculpting, im Deutschen Hyperlink Verweis Formung, ist der Versuch PageRank lediglich auf die Seiten zu verteilen, die für den Benutzer wichtig sind und die Konversionen generieren. Seiten, wie Impressum, FAQs etc. werden dabei gerne über das setzen des Nofollow Attributs für einen Hyperlink („<a href="/impressum.html" rel="nofollow" > Impressum</a>"), welches das Verfolgen eines Links unterbindet, gekennzeichnet. Es wurde lange Zeit angenommen, dass dadurch der bestehende PageRank lediglich auf die verbleibenden Follow-Links, also Links bei denen das Verfolgen durch einen Crawler erlaubt ist, übertragen wird.[122] Bei sinkender Zahl der Follow-Links dachte man, würde so mehr PageRank auf Zielseiten der Follow-Links vererbt. Es erfordert gemeinhin relativ viel Arbeitsaufwand die Links jeder Seite daraufhin zu

[120]: Dies funktioniert mit zahlreichen Gratis-Tools wie z.B. dem SEOQuake Add-on für den Mozilla Firefox Browser
[121]: Vgl. Cutts M. (2011b)
[122]: Vgl. Erlhofer (2011) , S. 429

überprüfen, ob diese aus marketingtechnischen Gesichtspunkten sinnvollerweise eher ein Follow- oder ein Nofollow-Link sein sollten.
Für Websitebetreiber, die über diese Strategie versucht haben den PageRank wichtiger Seiten zu steigern, war es daher ein fatales Statement, das von Googles Mitarbeiter MATT CUTTS abgegeben wurde. Er offenbarte, dass „Nofollow-Links“ zwar weiterhin keinen Linkjuice vererben, sie vermindern aber den verbleibenden Linkjuice, der durch „Follow-Links“ auf andere Seiten übertragen werden kann.[123] Im Klartext eröffnete er, dass Link-Sculpting mittels „Nofollow-Links“ reine Zeitverschwendung war. Es kann somit zwar verhindert werden, dass irrelevante Seiten durch übertragenen „Linkjuice“ ein höheres Ranking erhalten, nicht jedoch, dass relevante Seiten einen höheren PageRank zur Relevanzerhöhung erhalten.

Es sei angemerkt, dass es trotzdem weiterhin Möglichkeiten gibt Link-Sculpting zu betreiben, indem man Links quasi vor den Crawlern versteckt. Dies geschieht über die Implementierung der irrelevanten Links in nicht crawlbare Elemente wie Bilder, JavaScript etc. Dies gehört klar zur Black-Hat Optimierung und birgt das Risiko des Ausschlusses aus der Suchmaschine. Falls eine Seite nicht in Suchmaschinen erscheinen soll, kann man richtlinienkonform eine Anweisung im Kopfbereich der Seite („<meta name="ROBOTS" content="noindex" />“) einfügen und ansonsten sollte man Linkjuice frei fließen lassen.

6.6 Richtige Verwendung von URLs

URLs (Engl.: Uniform Resource Locator) sind Verweispfade, die auf eine eindeutige Ressource im Internet verweisen und das zu verwendende Protokoll (bspw. http, https, ftp etc.) angeben. Im allgemeinen Sprachgebrauch findet das Wort Internetadresse an Stelle von URL eine häufigere Verwendung. Für Suchmaschinen bietet der Verweispfad teilweise Informationen, die zur Relevanzberechnung verwendet werden können. URLs können dabei sowohl in kryptisch technischer als auch in explizit linguistischer Form vorliegen.

6.6.1 Kryptische und explizite Formen von URLs

Ein typisch kryptischer Link, der kaum Auskunft über den Seiteninhalt gibt wäre:
www.wohnen-im-alter.de/ergebnisliste.html?pid=1-79&cid=1728&rating=1

Diese URL wurde im Praxisbeispiel dazu verwendet Altenheime in Berlin mit Kurzzeitpflegeangebot und Bewertungen anzuzeigen. Bis auf die Domain (www.wohnen-im-alter.de) erhalten sowohl Nutzer als auch Suchmaschinencrawler bei diesem technischen Beispiel keine weiteren Informationen aus der URL, die einen Hinweis auf den Seiteninhalt geben könnten. Um die Seite genauer zu analysieren werden deshalb andere Elemente des Quelltextes einer Website herangezogen. Es macht jedoch Sinn auch in der URL den thematischen Rahmen mittels Keywords zu integrieren. Zum einen dient dies als weiterer Rankingfaktor und zum anderen sieht der Nutzer die URL in der Suchmaschinenergebnisliste. Deshalb gibt Google selbst den Ratschlag sprechende URLs anstatt kryptischer Parameterverkettungen zu verwenden.[124] Es besteht grundsätzlich die Möglichkeit von technisch geprägten URLs mit einer Vielzahl von Parametern auf linguistisch explizite URLs weiterzuleiten. Dazu werden verschiedene serverseitige Module genutzt.

Am Praxisbeispiel erfolgte die automatisierte Weiterleitung der technischen URL Version auf folgende Variante:
www.wohnen-im-alter.de/altenheime-pflegeheime-berlin+mit-bewertung+kurzzeitpflege.html

[123]: Vgl. Cutts M. (2009a)
[124]: Vgl. Google (2011a), S. 8

Diese Umsetzung der URL beschreibt den Inhalt der Seite ohne die Verwendung kryptischer Elemente. Da die Internetadresse auf der Suchmaschinenergebnisseite erscheint und Wörter aus der Suchanfrage, die mit der URL übereinstimmen, markiert werden, kann einer Erhöhung der Klickrate durch Verwendung expliziter Versionen von URLs angenommen werden. Es besteht allerdings auch eine Restriktion des positiven Einflusses expliziter Internetadressen. Sie sollten nicht zu lange sein, denn jedes zusätzlich verwendete Keyword mindert das Gewicht jedes einzelnen. Somit sollte möglichst kurz und prägnant versucht werden eine treffende inhaltliche Beschreibung durch die URL zu erreichen.
Ein weiterer extrem wichtiger Faktor der URLs ist die Vermeidung von Duplicate Content. Dies kann geschehen, wenn eine Website es zulässt, die Adresse mit oder ohne „WWW“ zu erreichen oder gleicher Inhalt auf Seiten mit verschiedenen URLs, zum Beispiel durch Parameter erlaubt. Am Praxisbeispiel liefern die beiden URLs *„www.wohnen-im-alter.de/seniorenheim.html“* und *„www.wohnen-im-alter.de/seniorenheim.html?stateid=1“* die gleiche Internetseite. Dies sorgt neben der Relevanzminderung mindestens einer der beiden Versionen (evtl. bei der Falschen) zu der Gefahr, dass eingehende Links auf die beiden Versionen verteilt und nicht gebündelt werden, was den PageRank (siehe Kap. 8.1) beeinflusst.

Um dem Vorzubeugen sollte eine Kanonisierung der URLs erfolgen, es sollte also immer genau eine gültige Form der URL bestimmt werden. Neben den obig beschriebenen Methoden durch Nutzung serverseitiger Module ist es neuerdings möglich über die Verwendung eines Befehls im Kopfbereich einer Internetseite (<link rel="canonical" href="www.wohnen-im-alter.de/altenheime.html"/>) die kanonische Form einer URL anzugeben.

6.6.2 Anker Texte

Als Anker Text (Engl.: Anchor Text) bezeichnet man die textliche Beschreibung eines Links zu einer URL. Dieser wird über die Struktur von Hyperlinks notwendigerweise generiert. Der HTML-Code für Links lautet, wie im vorherigen Abschnitt beschrieben „<a href="*URL*">*Ankertext*</a>“. Aus Suchmaschinengesichtspunkten spielt dieser vor allem bei der internen Verlinkung eine wichtige Rolle. Es sollte daher immer eine kurze und prägnante Beschreibung der Zielseite im Ankertext vorgenommen werden, um die Relevanz dieser Seite zu dem beschriebenen Themenkomplex zu erhöhen. Optimalerweise sollte der Ankertext nicht mehr als fünf bis zehn Wörter enthalten. Auch für externe Links spielt der Ankertext eine Rolle. Dies kann leider nicht oder nur in den wenigsten Fällen durch den Betreiber der verlinkten Website beeinflusst werden.

7 Off-Page Methoden der SEO

Als „Off-Page-Faktoren bezeichnet man [...] alles, was nicht im Einflussbereich des Webentwicklers und damit der Website liegt.“[125] Lange Zeit war die einzige relevante Größe der Suchmaschinenoptimierung der PageRank, der Anzahl und Qualität eingehender Links analysiert. Somit hatte die Off-Page Optimierung den einzigen Fokus auf jegliche Formen der Generierung von qualitativ hochwertigen Links. In Zeiten der sozialen Medien können Benutzer nun neue externe Signale zur Websitequalität senden, weshalb der PageRank stetig an Wichtigkeit verlieren wird.

7.1 PageRank

Der PageRank war lange Zeit eine der wichtigsten Elemente des Rankingsystems von Google.
Der Name PageRank sagt dabei nicht aus, dass er die komplette Seite (Engl.: Page) bewertet (Engl.: Rank), sondern er geht einen seiner Erfinder namens Lawrence Page zurück. Die Idee entsprang der akademischen Bewertung von Zitaten wissenschaftlicher Literatur. Je öfters eine wissenschaftliche Ausarbeitung oder eine darin enthaltene Aussage zitiert wurde desto höher wurde diese geschätzt. Dieser Sachverhalt wurde mit dem PageRank auf Internetseiten übertragen. Die Formel zur Berechnung des PageRanks entwickelten Page und Brin während sie ihre Dissertation an der Stanford University in den USA schreiben. Daraufhin wurde diese patentiert und bildete die Grundlage der Suchmaschine Google. Die Formel lautet wie folgt[126]:

$$PR(A) = (1 - d) + d \times \left(\sum_{i=1}^{n} \frac{PR(T_i)}{C(T_i)}\right). \qquad (4)$$

Mit

PR(A) als PageRank einer Internetseite A,
PR(T_i) als PageRank einer der externen Seiten, die per Hyperlink auf Internetseite A verweisen (T_i),
C(T_i) als Summe aller ausgehenden Links auf Seite T_i
und d als Dämpfungsfaktor, für den gilt $0 < d < 1$.

Die Bewertung einer Internetseite erfolgt nach dieser Formel also nicht generell für die umfassende Gesamtheit aller Websites, sondern stützt sich auf die Relation einzelner Internetseiten zueinander. Die Startseite kann somit einen anderen PageRank besitzen als eine Unterseite. Die Ermittlung erfolgt dabei rekursiv, also durch Verwendung der PageRank-Ergebnisse verlinkender Seiten ($PR(T_i)$). Eine Seite kann also nur einen PageRank größer Null erlangen, wenn sie mindestens einen eingehenden externen Link aufweist. Wie stark sich der PageRank dann verändert hängt von der Anzahl an Links ($C(T_i)$) auf der externen Seite ab. Außerdem spielt der Dämpfungsfaktor eine Rolle, der für die Unterbindung der unendlichen Weitergabe des PageRanks sorgt.

Da es sich bei der beschriebenen Formel um die ursprüngliche Berechnungsmethode von 1998 handelt, sollte man keine voreiligen Schlüsse über heutige PageRank Werte ziehen. Googles SEO-Spezialist MATT CUTTS gab bereits 2009 ein Statement dazu ab.

„Wenn man glaubt, dass Google aufgehört hätte den PageRank in seiner Linkanalyse weiterzuentwickeln handelt es sich um eine Fehleinschätzung. Obwohl es von uns immer noch als

[125]: Erlhofer (2011), S.23
[126]: Vgl. Page L.; Brin S. (1998): The Anatomy of a Large-Scale Hypertextual Web Search Engine, S.4

PageRank bezeichnet wird, hat Googles seine Fähigkeit linkbasierte Reputation zu berechnen über die Jahre beträchtlich verbessert."[127]

Es geht beim heutigen PageRank vor allem nicht mehr um die Linkpopularität, also wie viele Links insgesamt eingehen, sondern um die Domainpopularität, also wie viele Links von verschiedenen Domains eingehen. Bis dato ist der Aufbau qualitativ hochwertiger Links aus verschiedenen Quellen zur Verbesserung des PageRanks eine der wichtigsten Tätigkeiten der SEO.

7.2 Externer Linkaufbau

Der externe Linkaufbau, auch Linkbuilding genannt, verfolgt das Ziel den PageRank einer Website durch qualitativ hochwertige Links zu erhöhen. Dabei können verschiedene Strategien verfolgt werden. Ein richtlinienkonformer Linkaufbau inkludiert lediglich den natürlichen Linkaufbau, also Backlinks, die freiwillig und ohne jegliche Gegenleistung seitens der verlinkten Website erstellt wurden. Die einzige Maßnahme, die durch den Websitebetreiber getroffen werden kann, um das natürliche Linkbuilding voranzutreiben, ist die Erstellung verlinkenswerten Contents. Das indirekte Linkbuilding erfolgt durch die direkte Einflussnahme auf externe Betreiber von Backlink-Quellwebsites, um von diesen einen Backlink zu erhalten. Die Einflussnahme kann in Form monetärer oder nicht-monetärer Gegenleistung geschehen.

Der Linkaufbau steht generell großen Manipulationsbedenken durch Suchmaschinenbetreiber gegenüber und wird genauestens überwacht, um die Qualität der Suchergebnisse zu sichern. Bei Auffälligkeiten, wie zu schnellem Wachstum von Verlinkungen oder der Eindeutigkeit von Richtlinienmissachtung bezüglich des Linkaufbaus, droht der Ausschluss einer Website aus den angezeigten Suchergebnissen. Um nicht verdächtig zu erscheinen sollte man das Backlinkprofil einer Website betrachten, welches sich aus verschiedenen Attributen der Backlinks auf den Quellseiten zusammensetzt. Unter anderem wirkt es unnatürlich, wenn lediglich auf die Startseite oder sehr wenige Top Seiten verlinkt wird, wenn lediglich Links von Seiten mit hohem PageRank eingehen, oder wenn im Ankertext nur relevante Keywords gebraucht werden. Die Qualität von Backlinks wird anhand zahlreicher Faktoren bestimmt. Zu den Faktoren zählen in SEO Fachkreisen folgende Attribute: [128]

- Reputation der linkgebenden Webpage (siehe TrustRank in Kapitel 8.3.2).
- Thematische Übereinstimmung von Linkgebender und –nehmender Website.
- PageRank der linkgebenden Seite.
- Ankertext des Backlinks.
- Platzierung des Links auf einer Seite.
- Alter des Backlinks.
- Gesamtzahl und Ankertexte ausgehender Links.
- Thematische Übereinstimmung aller verlinkter Websites

Über die Gewichtung einzelner Elemente lässt sich aufgrund der Geheimhaltung von Suchmaschinenalgorithmen keine weitere Aussage treffen. Leider würde eine empirische Analyse von Backlink Qualitätsfaktoren das Volumen dieser Arbeit übersteigen.

[127]: Cutts M. (2009a)
[128]: Vgl. Gollas (2008), S.42 ff.

7.2.1 Natürlicher Linkaufbau

Hinter dem Google PageRank Algorithmus steckt die Idee des natürlichen Linkaufbaus (Engl.: Linkbuilding), der wie bei akademischen Arbeiten durch das zitieren bzw. verweisen die Reputation einer Ressource belegen. Dieser Vorgang wird außerdem als organisches oder direktes Linkbuilding bezeichnet. Es ist dabei jedoch nur Websitebetreibern möglich eine solche Empfehlung durch das Setzen eines Backlinks zu ermöglichen. Der Standard Internetnutzer war lange Zeit nicht primäres Zielobjekt des natürlichen Linkbuildings, da er keinen Einfluss auf die Bewertung der Inhalte durch Backlinks hatte, insofern er keine eigene Website betrieb. Heutzutage gibt es im Zuge des Web 2.0 vielschichtige Partizipationsmöglichkeiten und somit auch die Möglichkeit als Standard Internetnutzer Backlinks zu veröffentlichen. Zusätzlich zur Verbreitung privater Websites (vor allem Weblogs) geschieht dies im Rahmen der Sozialen Netzwerke sowie in Diskussions- bzw. Publikationsplattformen (Twitter, Wikipedia etc.).

Um erfolgreiches Linkbuilding zu ermöglichen muss Content generiert werden, der eine gewisse Zielgruppe dazu veranlasst durch Backlinks auf eine Seite zu verweisen. Die Kunden einer Website, in welcher Art auch immer definiert (Schwierigkeit bei nicht-monetären Transaktionen), sind dabei nicht die Kunden sondern die sogenannten Linkerati.[129] Dabei handelt es sich um stark involvierte Internetnutzer und Websitebetreiber, die ihre Empfehlungen über Backlinks veröffentlichen. Das Gegenteil davon ist der Standardnutzer, der lediglich eigene Belange verfolgt und seine Erfahrungen und Informationen nicht im Internet veröffentlicht.

Über Linkbaits (Englisch für Verweisköder), also Ressourcen, die extrem verlinkungswürdig sind, wird seitens des Websitebetreibers versucht möglichst viele Backlinks zu erhalten. Dabei steht nicht das Erhalten neuer Kunden im Vordergrund, da die Linkerati die Primärzielgruppe ist. Gute Linkbaits werden deshalb branchenübergreifend konzipiert um möglichst viele aktiv Backlink generierende Internetnutzer anzusprechen. Vorteile dieser Backlinks sind die Richtlinienkonformität, geringe Kosten und mögliche virale Effekte, die zu einer Vervielfachung der Backlinks führen können. Aus diesem Grund bezeichnen DÜWEKE und RABSCH das Linkbaiting als Guerilla Marketing der Suchmaschinenoptimierung.[130]

Für die Linkerati kommt es darauf an, dass die Inhalte einer Internetseite einen Mehrwert in irgendeiner Form (emotional, monetär, informativ etc.) liefern. Laut Expertenmeinung ist jedoch „der Qualitätsanspruch bei der Produktion verlinkungswürdiger Inhalte [...] das größte Hindernis bei der organischen Linkaquise."[131] Es stellt sich natürlich die Frage, was generell als verlinkungswürdig eingeschätzt wird. Der amerikanische Psychologe PLUTCHIK befasste sich in seiner Arbeit „Emotions and Life" mit den Basisemotionen des menschlichen Verhaltens. Die von ihm identifizierten Basisemotionen können zur Bestimmung der Verlinkungswürdigkeit von Websiteinhalten herangezogen werden (siehe Abb. 8.1).

---

[129]: Vgl. Ebach S. (2011), S. 35
[130]: Vgl. Düweke; Rabsch (2011), S. 222
[131]: Ebach S. (2011), S. 34

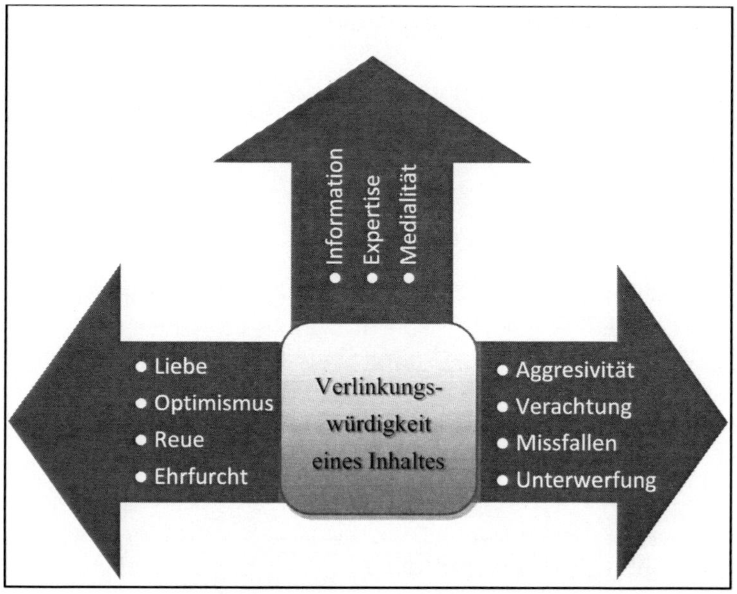

Abb. 7.1: Verlinkungswürdigkeit von Inhalten

Quelle: Eigenes Modell in Anlehnung an Ebach (2011), S. 38 und unter Verwendung von Plutchik (2002), S. 114 f.

Neben den emotionalen Faktoren werden in der Umsetzung des Linkbaiting werden verschiedene besonders verlinkenswerte Ressourcenkategorien angewandt, die laut CEYP und Von BISCHOPNICK thematisch passend mit dem englischen Begriff „Hook" (Engl.: Angelhaken) bezeichnet werden.[132] Sie unterscheiden zwischen Informations-, News-, Humor-, Empörungs- und Nützlichkeits-„Hooks". ERLHOFER geht mit dem *KAKADU Prinzip* detaillierter auf verschiedener „Hooks" ein.[133] Das Akronym steht für folgende Kategorien: Kostenloses, Aktuelles, Künstlerisches, Außergewöhnliches, Downloads und Unerlaubtes.

Eine weitere sehr konkrete Betrachtungsweise ist die Analyse verwendeter Inhalte. Eine Studie der Online Fachzeitschrift SEOmoz über 3800 Website-Einträge gibt einen Einblick in diese, für Linkbaiting hochrelevanten, Attribute.[134] Die höchstverlinktesten Einträge enthielten 2300-2800 Wörter im Text und zwischen zehn und 17 Wörter im Title der Internetseite (siehe Kapitel 7.3.1: Elemente im HTML-Kopfbereich). Außerdem wurde eine Korrelation zwischen der Anzahl eingebundener Medien und den Backlinks beobachtet. Einträge mit allen 3 Medientypen (Video, Text und Bild) erhielten ca. fünfmal mehr Backlinks.

Abschließend lässt sich festhalten, dass nicht jeder Inhalt auf einer Website verlinkenswert ist und es deshalb einer aktiven Gestaltung von Inhalten bedarf, um eine Internetseiten als solche zu qualifizieren. Dabei sollte auf emotionale, kategoriale und konkret gestalterische Faktoren geachtet werden.

[132]: Ceyp; Von Bischopinck(2009), S.220
[133]: Erlhofer (2011), S. 432 f.
[134]: Hen (2009)

7.2.2 Gesteuerter Linkaufbau

Der gesteuerte Linkaufbau ist das Gegenteil des natürlichen Linkaufbaus. Weitere Bezeichnung sind direkter oder künstlicher Linkaufbau. Es wird dabei aktiv auf das Setzen von Backlinks Einfluss genommen, sei es Richtlinienkonform über Eintragungen in öffentlich zugänglichen Backlink-Publikationsplattformen[135] oder als Verstoß gegen Suchmaschinenrichtlinien durch Linkpartnerschaften oder monetär erworbene Backlinks.

Die Unterscheidung kann dabei anhand der Steuerungsmöglichkeit der Linksetzung und der vertraglichen Basis der Backlink Generierung getroffen werden. Bei der Steuerung von Backlinks handelt es sich um auf das Ranking einer Website einflussnehmende, manipulative Tätigkeiten, die von Suchmaschinen durch Abstrafung in Form von degradierten Rankings bis hin zum komplettem Ausschluss einer Website aus den Suchergebnissen erfolgt. Nichtsdestotrotz ist diese Strategie keineswegs rechtswidrig und falls die Aktivitäten von Suchmaschinen unentdeckt bleiben, führen sie zu einer Verbesserung der Rankings. Eine vertragliche Basis bilden sowohl schriftlich festgehaltene Kooperationen, die monetäre oder nicht-monetäre Gegenleistungen enthalten als auch mündliche Abmachungen, die gegenseitige Absichtserklärungen enthalten.

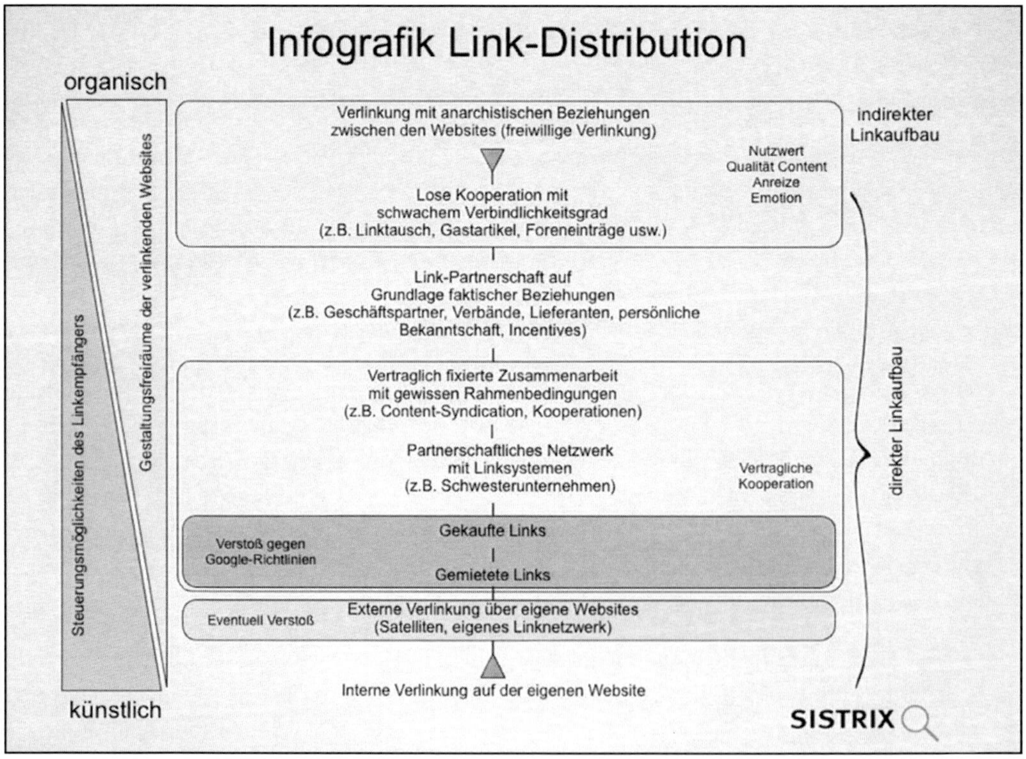

Abb. 7.2: Natürlicher und Gesteuerter Linkaufbau

Quelle: Kronenberg (2011)

In Abbindung 8.2 erfolgt eine Zusammenfassung der natürlichen und gesteuerten Linkaufbaumethoden. Der indirekte Linkaufbau beruht rein auf der Freiwilligkeit eines Websitebetreibers einen Backlink zu setzen und bietet somit keinerlei Spielraum der Einflussnahme.

Lose Kooperationen lassen sich weiter unterscheiden in Backlink-Tauschhandel und Backlink-Publikationsplattformen. Bei den Publikationsplattformen können alle, oder zumindest bei dem

[135] : gemeint sind Foren, Branchenbücher, Webkataloge etc.

Dienst registrierte Internetnutzer, Backlinks veröffentlichen. Der Anbieter erhält also keinerlei Gegenleistung. Blog- und Foreneinträge, Gastartikel sowie Social Bookmarking Dienste, welche das Verwalten öffentlich gestalteter Linksammlungen ermöglicht, sind Beispiele für diese Art des selbst gesteuerten Linkaufbaus, bei dem jedoch die Verwendung und Verwaltung des Backlinks im Handlungsbereich der linkgebenden Website liegt.

Ein Sonderfall bilden bezahlte Branchenbücher und Internet-Portale. Diese bieten zum größten Teil allen Websitebetreibern die Möglichkeit einen kostenlosen Eintrag zu erhalten, der meist ohne Backlink versehen ist. Als Werbemaßnahme können nun weitere Inhalte gegen Bezahlung eingestellt werden, darunter meist auch der Backlink. Diese Form der vertraglichen Vereinbarung wird von Google nicht als manipulative Handlung angesehen sondern als Werbemaßnahme und verstößt damit nicht gegen die Richtlinien.

In KRONENBERGERs Infografik wird fälschlicherweise ausgegeben, dass Linktausch freiwillig geschieht. Da es sich jedoch um einen Tausch, also eine auf Gegenleistung beruhenden meist mündlichen Absichtserklärung handelt, kann keineswegs von Freiwilligkeit gesprochen werden. Ohne einen gleichwertigen Link, der auf eine seiner Seiten geht, wird ein Websitebetreiber kaum ein Link setzen, außer es geschieht als Teil des natürlichen Linkaufbaus. Zudem heißt es in Googles Qualitätsrichtlinien: „Nehmen Sie nicht an Linktauschprogrammen teil, die dazu dienen, Ihr Ranking oder Ihren PageRank zu verbessern."[136] Damit ist eindeutig belegt, dass es ein Richtlinienverstoß ist, der bei Entdeckung zur Abstrafung führt.

Linkpartnerschaften können durch vielschichte Beziehungen von Websites untereinander entstehen. Dabei sind diese faktische von vertraglichen Beziehungen zu unterscheiden. Bei einer faktischen Beziehung erfolgt die Verlinkung freiwillig durch Sympathie oder eigenen Interessen. Da Websitebetreiber und Linkgeber persönlich in Kontakt stehen, ist eine moderate Steuerungsmöglichkeit gegeben. Bei vertraglichen Partnerschaften durch Kooperationen im Rahmen der Content Produktion[137], vertrieblicher Aktivitäten oder sonstiger gemeinsamer Nutzung von Ressourcen, entstehen Geschäftsbeziehungen, die den partiellen Einfluss auf die jeweilige Partner-Website begründen. Handelt es sich um einen Konzern, entsteht die Beziehung durch Vernetzung der zugehörigen Websites. Diese Arten von Partnerschaft auf vertraglicher Basis werden von Suchmaschinen als natürlicher Vorgang anerkannt, der die Relevanz einer Website nicht manipuliert.

Die rein vertraglich geregelte Generierung von eingehenden Backlinks durch Dritte beinhaltet außer der reinen Erhöhung der Relevanz durch die aufgebauten Backlinks keine Kooperation. Es erfolgt eine monetäre Gegenleistung für Backlinks, in Form periodischer oder einmaliger Zahlungen. Man spricht von gekauften und gemieteten Links. Diese Form des Linkaufbaus ermöglicht es auch für völlig irrelevante Seiten qualitativ hochwertige Links aufzubauen. Aus diesem Grund bildet es einen Richtlinienverstoß bei Entdeckung durch Suchmaschinen. Es bietet jedoch gleichzeitig die schnellste und einfachste Form Backlinks zu erhalten und erfreut sich deshalb seitens der Websitebetreiber großer Beliebtheit.

Gerade im Bereich der Internet-Portale kommt es darauf an, sehr viele Inhalte eines speziellen Themenfeldes extern zu verlinken. Dies gelingt leider nur in den wenigsten Fällen über die Linkerati, da diese in einigen Themengebieten nur sehr begrenzt aktiv sind. Da es sich trotzdem um Inhalte handeln kann, die für Kunden relevant sind, wird für Internet-Portale meist (auch) gesteuerter Linkaufbau betrieben. Eine sorgfältige Überwachung und vertrauenswürdige Partner-

[136]: Google Webmaster-Tools (2011b)
[137]: Diese Art der Kooperation wird auch Content Syndication genannt

unternehmen (SEO-Agentur, Linkaufbau-Dienstleister etc.) sind dabei unabdingbar. Versprechungen von Top-Rankings innerhalb kürzester Zeit sind sehr kritisch zu betrachten, bedenkt man, dass unnatürlich wirkender Linkaufbau hohe Risiken birgt. Dabei kann eine dauerhafte Schädigung der Rankings einer Website erfolgen.

7.3 Domaingebundene Faktoren

Domaingebundene Faktoren sind alle Faktoren, die mit einer Domain, also der eindeutigen Adresse einer Website (z.B. www.wohnen-im-alter.de) verbunden sind. Diese Faktoren zählen zu den Off-Page Methoden der Suchmaschinenoptimierung, da sie zwar dem Websitebetreiber und dessen Internetseite zugeschrieben werden, jedoch nicht von ihm beeinflussbar sind (zumindest nicht mehr nach dem Erwerb der Domain). Der Ausdruck Domain-Level ist von Domaingebundenheit zu unterscheiden. Er spiegelt die Zusammenfassung von SEO Faktoren aller Ebenen einer Website (auch Unterseiten) zur übergreifenden Betrachtung des ganzen Komplexes wider. Es kann beispielsweise die Keyword-Popularität, also wie häufig ein bestimmtes Keyword auf allen Unterseiten eines Websitegebildes vorkommt, oder die durchschnittliche Geschwindigkeit aller Seiten berechnet werden. Es erfolgt stets eine Rückkopplung auf die Relevanzberechnung für das Ranking der Unterseiten, egal ob bei Domaingebundenen oder Domain-Level Faktoren.

7.3.1 Domainname

Der Domainname setzt sich aus zwei Elementen zusammen. Der erste Teil (Second-Level-Domain) besteht aus zwei bis 63 zusammenhängenden Zeichen. Er wird durch einen Punkt am Ende vom zweiten Teil abgegrenzt. Der andere Teil ist die sogenannte Top-Level-Domain (TLD), also die Endung (wie z.B. „.de“, „.com“ etc.). Bei den TLDs gibt es verschiedene Abstufungen der Vertrauenswürdigkeit.[138] TLDs lassen sich in folgende Kategorien und in Seriosität abnehmend darstellen.[139]

1) Lokale ccTLDs: „.de“, „.at“, „.it”, etc.
   Renommierte sponsored TLDs: „.edu“, „.gov”, „.int”, etc.
2) Etablierte sponsored TLDs: „.com“, „.org“, „.biz”, etc.
3) Etablierte nicht-lokale ccTLDs: „.tv“, „.fm“, „.cc“, etc.
4) Nicht-etablierte sponsored TLDs: „..aero“, „.coop“, etc.
   Nicht-etablierte nicht- lokale ccTLD: „.cc“, „.fi“, „.cn“, etc.
5) Neue sponsored TLDS: „.xxx“, „.asia“, „.tel”, etc.

Lokale und renommierte sponsored TLDs sind weltweit anerkannte Domainendungen. In diesem Zusammenhang sind ccTLDs, sogenannte „Country Code TLDs“, also TLDs die eine Länderkennung enthalten. Sponsored TLDs (sTLDs) werden von einer Sponsorenorganisation verwaltet. Darunter haben sich einige besonders für Regierungen, Universitäten und internationalen Organisationen ein Renommee aufgebaut. Diese genießen nach Expertenmeinungen größte Seriosität.

Es haben sich außerdem weitere seriöse sTLDs etabliert, die von Unternehmen und Organisationen verwendet werden. Einige Länderkennungen unter den ccTLDs haben sich auch international etabliert („.tv“ steht eigentlich für Tuvalu und „.fm“ für Mikronesien). Sie werden international für Videoseiten und Internetradio Dienste verwendet. Nicht-etablierte sTLDs und nicht-etablierte sowie nicht- lokale ccTLD werden von Suchmaschinen wohl mit einer ähnlich niedrigen Seriosität belegt. Im Jahr 2012 erfolgt ein Vergabeverfahren für neue sTLDs. Diese müssen sich zunächst erst noch etablieren, um ihre Seriosität unter Beweis zu stellen.

---

[138]: Vgl. Erlhofer (2011), S. 326 ff.

[139]: In Anlehnung an Düweke; Rabsch (2011), S. 419 ff. u. SEOHandbuch.de (2011)

Die Second-Level-Domain, also der eigentliche Name einer Website kann Keywords enthalten oder eine abstrakte Namensgebung verfolgen. Eine abstrakte Namensgebung macht einen Domainnamen besser „brandable“. Das englische Wort „brandable“ bedeutet, dass der Domainname als Marke fungieren kann, wobei der Name keinen weiteren Aufschluss über das Themengebiet einer Website liefert. Im Gegensatz dazu enthalten Keyword Domains gesuchte Schlüsselwörter, welche genau zum thematischen Rahmen der Websiteinhalte passen. Laut Googles SEO Beauftragtem MATT CUTTS ist eine Keyword Domain nicht von vornhinein bevorzugt. Er erklärt jedoch auch, dass der Domainname eine gute Informationsquelle für die Relevanzberechnung sein kann.[140] ERLHOFER beschreibt im Gegensatz dazu klare Beobachtungen von Keyword Domain Vorteilen beim Ranking. Die Entscheidung zwischen den beiden Varianten basiert letztendlich auf der Zielsetzung einer Website. Besucher können über Suchmaschinen oder durch Eingeben der Seite durch den Internetnutzer auf eine Website gelangen. Während für erstere Methode Keyword Domains Vorteile bieten wird die zweite Strategie über die Etablierung einer Domain Marke verfolgt. Optimal ist natürlich, wenn die Keyword Domain, wie im Praxisbeispiel[141], gleichzeitig als Marke fungieren kann.

7.3.2 TrustRank und BadRank

Der TrustRank gibt an ob eine Website als vertrauenswürdig eingestuft werden kann bzw. Expertenstatus verkörpert. Dabei verhält sich der TrustRank nach dem umgekehrten PageRank Prinzip. Bei Letzterem wird anhand verlinkender Seiten festgelegt, wie hoch der PageRank Wert ist. Dabei handelt es sich quasi um eine induktive Vorgehensweise, da nur durch akkumulierte Backlinks verschiedener Websites ein Maximalwert erreicht werden kann (kein eingehender Link heißt kein PageRank). Beim TrustRank erfolgt die Verteilung deduktiv, denn es geht dabei um die Entfernung zu einer vertrauenswürdigen Seite, die schon von vornhinein einen maximalen TrustRank besitzt.[142]

Man geht davon aus, dass ein sehr geringer Teil der Websites weltweit manuell den höchstmöglichen TrustRank zugewiesen bekamen und dass weitere „Trusted Sites“ bestimmt werden können. Sowohl in einem US Patent von Yahoo als auch von Google finden sich hierzu Hinweise. In Yahoos Patent wird neben den algorithmisch errechneten Faktoren auch die Möglichkeit genannt, dass „[...]Experten zusätzliche Quellinhalte bestimmen und bewerten, die in die Berechnung einbezogen werden.“[143] In Google's Patent wird die Möglichkeit beschrieben, dass zur Berechnung drei verschiedene Datenquellen einbezogen werden können.[144]

- Links von einer Website zu einer vertrauenswürdigen Seite.
- Eine Liste von vorbestimmten Seiten, denen ein Nutzer vertraut.
- Auflistung von Nutzer-Websitebetreiber-Relationen, die identifizieren welche Nutzer dem Betreiber vertrauen.

Im Gegensatz zum PageRank gibt es keine offiziellen Zahlen bezüglich des TrustRanks. Es müssen daher Spekulationen darüber getroffen werden, welche Seiten manuell maximalen Trust zugeordnet bekommen haben, um so, über direkte oder indirekte Verlinkung, möglichst nahe an diese heranzukommen. In SEO Fachkreisen kursiert das Gerücht, dass es im Gegensatz zum

---

140: Vgl. Cutts (2011d)
141: 18.100 Suchanfragen monatlich, ermittelt anhand des Google Adwords Keyword-Tool zum Keyword „Wohnen im Alter“; Zugriff: 05.01.2012
142: Fischer (2009), S. 404 ff.
143: Eigene Übersetzung: US Patent Yahoo! Inc. von Rose; Mao et al. (2006), Paragraph 64
144: Siehe hierzu US Patent Google Inc. von Guha (2006), S. 6

TrustRank auch einen BadRank bzw. SpamRank gibt.[145] Dies wurde nie offiziell von Google bestätigt, jedoch gibt es Hinweise auf einen negativen Rankingfaktor, der sich über die Nähe zu besonders unseriösen Websites begründet. In den Google Webmaster Richtlinien wird geraten „insbesondere Links zu Webspammern oder „schlechter Nachbarschaft“ im Web [zu meiden, da das eigene] Ranking durch solche Links negativ beeinflusst werden kann.“[146]

7.3.3 Historie

Google bestätigt nicht offiziell, dass das Alter einer Domain ein Faktor zur Relevanzberechnung ist, obwohl historische Daten im Algorithmus verwendet werden.[147] Trotzdem stellt ERLHOFER fest, dass bereits länger registrierte Domains einen Vorteil bei der Relevanzberechnung haben.[148] Dagegen könnte erwidert werden, dass Alter einer Domain entscheidend ist, wie viele Links aufgebaut werden konnten, was natürlich ein höheres Ranking begünstigt. Vor allem in der Branche der Internet-Portale kann es sich auszahlen gut gepflegte Domains von kleineren oder Hobby-Websitebetreibern abzukaufen und von bestehender Verlinkung und einer Historie ohne Verstoß gegen Qualitätsrichtlinien zu profitieren. Denn mehr noch als das reine Alter der Domain werden wohl die Aktivitäten und die Dauer von eingehenden Links bevorzugt.

Gerade bei neu registrierten Domains gibt es Gerüchte über die Vorgehensweise von Google. In SEO Fachkreisen spekuliert man über einen sogenannten „Google Sandbox Effekt“. Dieser nicht offiziell bestätigte Effekt beschreibt empirische Beobachtungen, dass neu angemeldete Domains in der Zeit nach ihrer Registrierung einer anderen Behandlung durch den Rankingalgorithmus unterliegen als ältere Domains.[149] Sie werden trotz anfangs starken Linkaufbaus und stetiger Content Produktion nicht in den Top Platzierungen gelistet werden. Man spricht davon, dass sie in den Sandkasten (Engl.: Sandbox) gesteckt werden.

Der Sinn dahinter ist, dass junge Domains die eventuell nicht richtlinienkonform einen schnellen Zuwachs bei den wichtigen SEO Kennzahlen (PageRank, TrustRank, Bewertungen, Social Bookmarks etc.) erreicht haben, nicht den älteren und etablierten Domains den Rang ablaufen.[150]

7.4 Social Signals

Social Signals sind laut Google seit 2010 ein Rankingfaktor bei der Relevanzberechnung von Websites.[151] Vorher waren die sozialen Medien für die Suchmaschinenoptimierung nur marginal von Bedeutung, da die wichtigsten Anbieter (Twitter, Facebook, Xing etc.) es nicht zulassen Follow-Links zu setzen, d.h. Links, die PageRank vererben. Stattdessen generieren Nutzer sozialer Medien lediglich Nofollow-Links, wobei bereits darüber spekuliert wurde, ob diese Links, im Vergleich zu klassischen Websites, nicht anders gewertet werden. Spätestens seitdem Google 2011 mit seinem sozialen Netzwerk „Google Plus“ an den Start ging, war klar, worauf der Fokus des marktführenden Suchmaschinenanbieters gehen soll. Der PageRank ist für Google durch die relativ einfache Manipulation (siehe Kap.8.2.2 Gesteuerter Linkaufbau) kein eindeutiges Signal, da es sich bei einem Link (wie von den Entwicklern PAGE und BRIN gedacht) nicht um eine unabhängige Empfehlung der Inhalte handelt. Die Implementierung von Sozialen Signalen, die einer Empfehlung gleichzusetzen sind, bedeutet jedoch die Modernisierung der

[145]: Levene (2010), S.126
[146]: Google Webmaster-Tools (2011b)
[147]: Vgl. Cutts (2009b)
[148]: Vgl. Erlhofer (2011), S. 331
[149]: Vgl. Odom (2010), S. 118 und Small; Scott et al. (2005), S. 119
[150]: Vgl. Erlhofer (2011), S. 597
[151]: Vgl. Cutts M. (2010)

ursprünglichen Idee, die mit dem PageRank verfolgt wurde. Deshalb sehen Experten einen Trend weg vom PageRank für gegeben.[152] Außerdem bietet Google mittlerweile die Möglichkeit auch ohne ein Profil in einem sozialen Netzwerk Bewertungen abzugeben.[153] Auch diese Tätigkeit kann als soziales Signal gewertet werden.

Doerje weist darauf hin, dass Bewertungen als Teil der Social Signals vor allem bei der Shopping Suche und bei der Suche nach Orten über die lokale Suche (z.B. bei Eingabe von Begriff und Stadt) eine immer wichtigere Rolle spielt. Er bemängelt, dass es bei öffentlichen Bewertungsportalen, die durch die größten sozialen Netzwerke sehr verbreitet sind, leicht zu Manipulation kommen kann. In Zukunft sollten seiner Meinung nach vor allem geschlossene Bewertungsportale fokussiert werden. Hierbei erfolgt eine Verifikation, dass die Bewertung nicht manipuliert ist (z.B. über einen einmaligen Code).[154] Diese Idee ist auch für die Suchmaschinenanbieter wichtig, damit bei Bewertungen nicht der gleiche (Tausch-) Handel, wie bei den Backlinks ausbricht. In einigen Branchen des Gastgewerbes und bei Online-Shops ist dieser schon deutlich sichtbar.

Es stellt sich in einem Umfeld immer unterschiedlicherer Beteiligungsmöglichkeiten von Internetnutzern natürlich die Frage, welche sozialen Signale als Rankingfaktoren herangezogen werden. Eine endgültige und eindeutige Antwort wird es darauf natürlich nicht geben, da Suchmaschinenanbieter generell keine Manipulationsmöglichkeit der Relevanz von Websites wünschen. Es soll jedoch ein Überblick der wichtigsten sozialen Signale gegeben werden. Dabei kann man zwischen den wichtigsten sozialen Medien der heutigen Zeit unterscheiden.

Soziale Netzwerke (Facebook, Google+, etc.):

- *Veröffentlichungen*: Die Veröffentlichungen finden durch einzelne Nutzer der sozialen Medien statt. Oft wird der englische Begriff „Shares“, zu Deutsch Beiträge oder Mitteilungen verwendet. Durch die Veröffentlichung teilt man in positiver, neutraler oder negativer Weise anderen Nutzern eines sozialen Netzwerkes mit, was für Inhalte man selbst interessant findet. Dabei kann es sich um einen Kommentar mit oder ohne Backlink handeln bzw. um einen Backlink, der nicht kommentiert wurde.
- *Empfehlungen*: In sozialen Netzwerken gibt es die Möglichkeit externe Ressourcen mit einer simplen Empfehlung auszustatten. Die Voraussetzung dafür ist, dass diese Ressource dies durch Einbindung in den Quellcode ermöglicht (z.B. „Gefällt-mir-“ oder „+1“ Button).
- *Erwähnungen*: Ein weiterer Faktor, der als positives, negatives oder neutrales Signal gewertet werden kann, sind textuelle Erwähnungen der Marke, der Domain oder der Produkte in von Nutzern verfassten Beiträgen.

Blogging Dienste (Twitter, etc.):

- *Veröffentlichungen*: Analog zu den Veröffentlichungen in sozialen Netzwerken können auch bei Blogging Diensten Links und Kommentare öffentlich mitgeteilt werden.
- *Erwähnungen:* Anders als in sozialen Netzwerken sind Texte auf den Websites der Blogging Dienste sehr viel länger und erlauben es theoretisch thematische Betrachtungen anzustellen und auf Keywords zu achten, die latent semantisch mit der erwähnten Marke, Domain oder der Produkte verknüpft sind.

[152]: Vgl. Maier (2011), S. 26
[153]: Siehe Google Places am Praxisbeispiel
[154]: Vgl. Doerje (2011), S. 6-10

Bewertungsportale (Google Places, Qype, Tripadvisior etc.):

- *Anzahl positiver und negativer Bewertungen*: Bewertungsportale bieten Internetnutzern die Möglichkeit über ein Bewertungssystem die Qualität verschiedener Produkte und Dienstleistungen zu beurteilen. Dabei gibt es offene und geschlossene Systeme, denen eventuell unterschiedliche Relevanz zugemessen wird.

Bei allen sozialen Signalen kann davon ausgegangen werden, dass nicht nur die Anzahl der Signale eine Rolle spielt. Ähnlich wie bei Backlinks, ist auch die Qualität dieser Signale ein wichtiges Kriterium. Es gibt Hinweise, dass Google auch für Social Accounts, also Profile in sozialen Medien eine Qualitätsbewertung vornimmt, die als Social Account Trust bezeichnet werden könnte.[155] Es gibt keine genauen Angaben wie der Trust gemessen werden könnte. Wahrscheinlich erfolgt eine Analyse der Historie (z.B. Themengebiete der Kommentare, Anzahl der Empfehlungen pro Periode etc.) sowie der sozialen Verknüpfungen.

Laut einer im April 2011 durchgeführten Studie des Online Expertenblogs SEOmoz, die die Top 30 Rankings für ca. 10000 Suchbegriffe analysiert, gibt es eine überproportionale Korrelation zwischen sozialen Signalen und dem Ranking einer Internetseite.[156] Als Vergleichswert wurde die Anzahl der Backlinks als Indikator für PageRank betrachtet. Das Erstaunliche bei dieser Studie ist, dass die Anzahl an Facebook Shares eine höhere Korrelation zu einem guten Ranking aufweist als die Anzahl der Backlinks. Shares schienen wichtiger zu sein als Empfehlungen („Likes"), die hinter der Anzahl der Backlinks lagen. Die Anzahl der Tweets korrelierte weit weniger mit positiven Rankings als Facebook Indikatoren und Backlinks. Um den Einfluss von Tweets zu erhöhen, sind laut einer anderen Studie im Juli 2011 die Retweets, also das wiederholte twittern über einen Link oder ein Thema sowie der Trust des Accounts entscheidend.[157]

Es ist jedoch hinzuzufügen, dass Korrelation nicht unbedingt mit der Ursache für ein gutes Ranking gleichzusetzen ist. MATT CUTTS bestätigt diese These in einem Interview im Juli 2011 auf der Search Marketing Expo in Seattle, auf der er sagt, dass Google keine Facebook Shares im Rankingalgorithmus verwendet.[158] Eventuell erhält eine Seite mit vielen Facebook Shares viele Backlinks und nur diese sind relevant. Leider gibt es aufgrund der Neuheit des sozialen Netzwerkes „Google Plus" nur sehr wenige Studien, die aussagekräftig den Einfluss von „+1", dem Gefällt-mir-Button von Google aufzeigen. Erste kleinere Feldversuche lassen jedoch eine Korrelation zwischen sozialen Signalen auf „Google Plus und dem Ranking einer Website, analog zu den Studien über Facebook-Signale vermuten.[159] Nach Meinung vieler Experten werden soziale Signale jedoch definitiv wichtiger. Zudem wird der Einfluss sowohl in einem Hinweis zu „+1" in der Google Webmaster-Tools-Hilfe[160] als auch von MATT CUTTS[161] bestätigt.

Es ist von höchster Bedeutung zu erkennen, dass Social Media Marketing und Suchmaschinenmarketing nicht getrennt voneinander betrachtet werden sollten, auch wenn es zwei verschiedene Teilbereiche des Online-Marketing-Mix sind. Nur durch eine ganzheitliche Sichtweise lässt sich der positive Effekt von sozialen Signalen als SEO-Maßnahme nutzen, da eine Koordination der Verknüpfungen zwischen Sozialen Medien und der Website bestehen sollte. Viele Unternehmen konzipieren entweder eine Social Media Kampagne oder eine SEO Kampagne, was in einem gewissen Maße zu einer Sackgasse führt. Der Nutzer findet zwar eines der beiden Marketingwerkzeuge (Website oder Präsenz in sozialen Medien), kommt jedoch nicht auf das jeweils Andere.

155: Vgl. Cutts (2010)
156: Vgl. Fishkin (2011a)
157: Vgl. Shepard (2011)
158: McGee (2011)
159: Vgl. Klein; Deelstra (2011), S. 28
160: Vgl. Google Webmaster-Tools (2011e)
161: Vgl. Cutts M. (2011e)

7.5 Abwägung aller Faktoren

Nachdem die wichtigsten On- und Off-Page Methoden der Suchmaschinenoptimierung erläutert wurden, stellt sich nun die Frage der Gewichtung einzelner Faktoren. Leider können dazu keinerlei verbindliche Aussagen getroffen werden. Jedoch werden einige Hinweisquellen betrachtet. Zunächst können explizite SEO-Vorschläge anhand eines von Google bereitgestellten Ratgebers zur Einführung in Suchmaschinenoptimierung dargestellt werden (siehe Tabelle 4).

Da Google diese Tipps selbst veröffentlicht, kann hierbei von einer Art Standardoptimierung ausgegangen werden, die Google als Mindestmaß einer erfolgreichen Optimierungs-Strategie von Websitebetreibern ansieht. Natürlich würde Google niemals verraten, wie genau eine Website ein Top-Ranking erhält, da damit das Kerngeschäft[162] zerstört würde. Nichtsdestotrotz sind diese Tipps hilfreich, vor allem für kleinere Websites, die gerade beginnen Suchmaschinenoptimierung in die Geschäftsprozesse zu integrieren.

Die darin genannten Punkte wurde bereits in den vorherigen Kapiteln ausführlich erklärt und werden deshalb nur stichpunktartig dargestellt. Es kann hierbei leider keine qualitative Aussage über die Wichtigkeit einzelner Maßnahmen getroffen werden. Nichtsdestotrotz werden diese Kriterien als Qualitätsmerkmale einer Website seitens Google angesehen.

Content	Crawlability
- Links beschränken und überprüfen - Qualitativ hochwertige Inhalte - Qualitativ hochwertige eingehende Links - Keine doppelte Seiten erstellen - Zielkeywords definieren - Aussagekräftige Seitentitel - HTML Syntax prüfen - Geschwindigkeit der Website optimieren - Werbeanzeigen für Crawler sperren - Social Media einbeziehen	- Mediadateien mit „ALT“ Beschreibung - Dynamischen Content beschränken - URL Parameter beschränken - CMS Systeme auf Kompatibilität prüfen

Tab. 4: Hinweise von Google zur Suchmaschinenoptimierung

Quelle: Eigene Darstellung unter Verwendung von Google (2011a)

Eine weitere Quelle bilden die Bewertungs-Leitfäden[163], die Google bei manuellen Betrachtungen einer Website berücksichtigt. Diese kommen zwar nur sehr selten ans Tageslicht, da Sie eigentlich streng geheim gehalten werden. Nichtsdestotrotz gibt es ab und zu eine Schwachstelle der Geheimhaltung, so zuletzt im März 2011.[164] Die General Rating Guidelines sind damit als inoffizielles Dokument von Google eine hervorragende Datenquelle, um Googles Ansicht von Qualität nachzuvollziehen. Es kann jedoch nicht mit der Bewertung durch einen Algorithmus gleichgesetzt werden, denn dieser inoffizielle Bewertungs-Leitfaden kommt nur dann zum Einsatz, wenn gewisse Auffälligkeiten bzw. Anomalien bei der Rankingentwicklung einer Website festgestellt wurden, um die Qualität der Seite zu überprüfen und die unnatürlich starke Verbesserung der Website kritisch zu hinterfragen. Es werden dabei vermutlich Signale und Faktoren in die Betrachtung einbezogen, die ohne den Status als potentielle Spamseite, also manipulierte oder nutzlose Seite, gar nicht erst in Betracht kämen.

[162] : Einnahmen aus bezahlten Einblendungen in den Suchergebnisseiten (SEA)

[163]: Engl.: General Rating Guidelines

[164]: In diesem Fall der von Google beschäftigte Qualitätsbewertende selbst

Nach diesem Leitfaden lassen sich die Bewertungen von Websites in folgende Kategorien gliedern:[165]

- *Vital*: Als vital werden zwei unterschiedliche Sachverhalte geschildert. In jedem Fall geht es darum, eine ganz spezielle Website aufzufinden. Es handelt sich also nach BRODER um navigationsorientierte Anfragen. Diese verfolgen laut Google eines der folgenden Ziele:
  1. Das Keyword spiegelt konkret die Domain wider, die besucht werden soll.
  2. Es handelt sich bei der Anfrage um eine Suche nach einer festen Entität (z.B. Personen, Orte, Organisation, etc.).

  Vitale Websites werden als besonders relevant eingestuft, da sie genau der Intention entsprechen, die der Nutzer verfolgt hat. Als nicht vital gelten dabei alle Suchbegriffe, die keine eindeutige Interpretation haben, nicht navigationsorientiert sind oder zu denen es keine der Entität gehörenden Website gibt.

- *Hilfreich*: Als hilfreich gelten Seiten, die qualitativ hochwertig gestaltet sind und zum eingegebenen Suchbegriff relevante Inhalte liefern. Hilfreiche Websites sollten das Anfragebedürfnis in hohem Maße befriedigen, Vertrauenswürdigkeit und Expertise besitzen sowie aktuell und unterhaltsam sein. Es sollte kein Verdacht aufkommen, dass die Seite Spam enthält.

- *Relevant:* Relevante Websites sollten die gleichen Kriterien wie hilfreiche Websites erfüllen. Der Unterschied ist lediglich, dass dies in geringerem Maße geschieht. Sie betrachten eventuell nur wenige Aspekte des Themas und werden als weniger verständlich oder nicht aktuell beschrieben. Sie sind trotzdem nützlich, qualitativ durchschnittlich bis gut und thematisch passend.

- Geringfügig relevant: Diese Kategorie beschreibt Websites, die weniger relevant für Nutzer sind, jedoch trotzdem eine Verknüpfung mit dem Thema der Suchanfrage haben. Sie sind quasi oberflächlich relevant. Es werden Szenarien beschrieben, die zur geringfügigen Relevanz führen. Teilweise sehen geringfügig relevante Website optisch gut aus, bieten aber keinen hochwertigen Content. Sie können werbeüberflutet sein, kopierte Inhalte nutzen, unverhältnismäßig oft Keywords gebrauchen oder sie enthalten Keywords in der URL, die sie relevanter aussehen lassen als sie es sind. Ein Teil dieser Websites sollte als Spam gekennzeichnet werden, was eine Abstrafung in den Rankings zur Folge hat.

- *Thematisch irrelevant oder nutzlos*: Diese Art von Seiten erfüllen nicht den Zweck, den der Nutzer bei seiner Suchanfrage verfolgt, haben lediglich Keyword-Übereinstimmungen, die jedoch keinen zugehörigen Content bieten, bestehen lediglich aus Links und Werbeanzeigen, sind betrügerisch, enthalten sinnlose Aneinanderreihungen von Wörtern oder sind thematisch nicht mit dem eingegeben Keyword verbunden. Sie sind zwar noch kein Spam, stehen jedoch unter Spamverdacht und werden daraufhin überprüft.

Bei der manuellen Bewertung setzt Google den Maßstab, dass der Bewertende aus Perspektive eines Nutzers denkt. Die bestimmende Frage lautet hierbei, welche Information sich der Benutzer bei Eingabe eines bestimmten Keywords erhofft und wie der Inhalt aufgebaut sein sollte.

[165]: Vgl. Google (2011b), S.6

Außerdem zählen Aktualität und Lokalität zu den Bewertungskriterien.[166] Ein besonders für Portale interessanter Punkt sind Anfragen, die nach einer Liste an Optionen suchen. Dabei wird unterschieden zwischen Listen mit wenigen oder einer Vielzahl an Optionen. Bei wenigen Optionen sind einzelne Beispiele auch relevant, bei Mehreren sollte jedoch ein Überblick erfolgen. Zwar bietet das inoffizielle Dokument Einblicke in Googles Verständnis von Qualität, es gibt allerdings nur sehr wenige konkrete Hinweise auf die Gewichtung einzelner Faktoren.

Eine in SEO-Fachkreisen etablierte Studie, die regelmäßig eine Gewichtung und Einschätzungen zu den wesentlichen Rankingfaktoren von Suchmaschinen trifft, wird von der Online Fachzeitschrift SEOmoz durchgeführt. Die Datenbasis bilden Befragungen von 134 SEO-Experten weltweit, sowie neuerdings statistisch erhobene Korrelationsdaten von den Top 30 Rankings der ca. 11000 betrachteten Keywords.[167] In Abb. 8.4 werden die Experteneinschätzungen über den Einfluss verschiedener Faktoren auf das Ranking dargestellt. Es ist deutlich sichtbar, dass der externe Linkaufbau immer noch als einer der wichtigsten Faktoren der Suchmaschinenoptimierung angesehen wird.

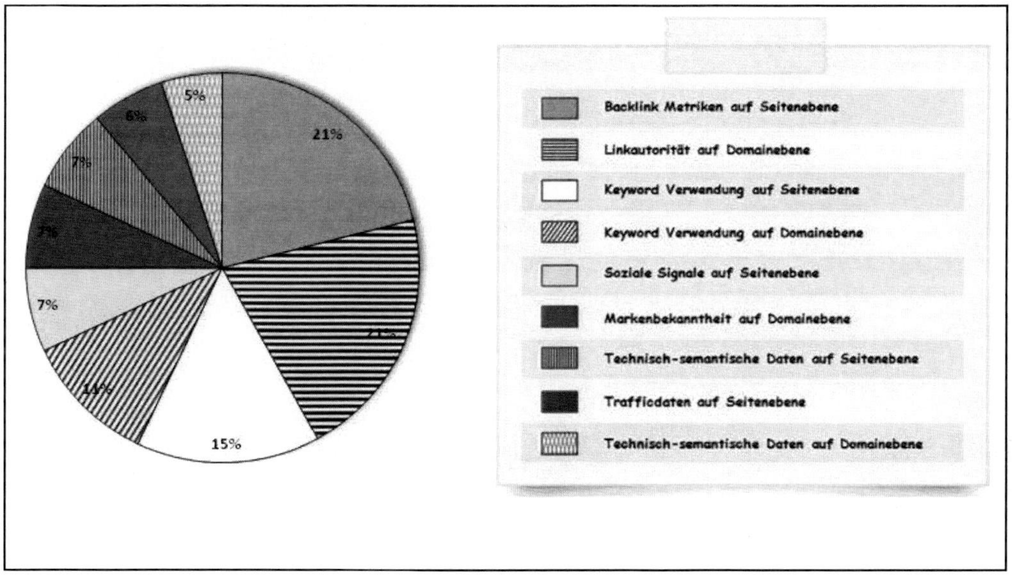

Abb. 7.3: Übersicht der Abwägung aller Rankingfaktoren

Quelle: Eigene Darstellung und Übersetzung von Fishkin (2011b)

Zu den Gewichtungskriterien des externen Linkaufbaus gehören sowohl Backlink-Metriken auf Seitenebene als auch Linkautorität auf Domainebene. Zusammen tragen sie laut Expertenmeinungen ca. 40 Prozent zu einem positiven Ranking bei. Auf Seitenebene handelt es sich um Metriken wie dem qualitativ angepassten PageRank, unter Berücksichtigung der eingehenden Links von verschieden Quellen. Dabei spielen die Relevanz der Ankertexte für das Keyword sowie Follow- bzw. Nofollow-Attribute eine wesentliche Rolle bei der positiven Korrelation zum Ranking. Faktoren der internen Verlinkung korrelieren deutlich weniger als die externen Verlinkungen. Außerdem ist auffällig, dass nicht die reine Anzahl an Backlinks für die Korrelation verantwortlich ist, sondern vielmehr das Gesamtbild. Die Linkautorität der Domain spiegelt dabei die Qualität aller eingehenden Links wider. Dabei spielt neben der Anzahl an Links aus unterschiedlichen Quellen auch die Nähe zu einer Trusted Site eine große Rolle.

[166]: Vgl. Google (2011b), S. 31 ff.
[167]: Fishkin (2011b)

Der zweitwichtigste Faktor neben dem Linkaufbau mit gemeinsam ca. 25 Prozent geschätztem Einfluss auf das Ranking ist die Keyword Verwendung, sowohl auf Seiten- als auch auf Domainebene. Dabei geht es vor allem um die Verwendung der Keywords im Title sowie die Anzahl der Wiederholungen im Text bzw. domainbezogen die Häufigkeit eines Keywords in den Elementen aller Unterseiten der Website (Dazu zählen der Titel, die URL, Überschriften, Texte, Description, Mediale Elemente u.v.m.). Das Keyword im Domainname ist dabei mit einer Korrelation von 97 Prozent das stärkste domainseitige Keywordelement.[168]

Weitere Faktoren, wie soziale Signale, Marktbekanntheit, Trafficdaten und technisch-semantische Daten werden relativ gering in ihrem Einfluss auf das Ranking geschätzt. Facebook Shares erhalten den höchsten Korrelationskoeffizienten, obwohl Sie wie im Kapitel 8.4 beschrieben gar keinen Einfluss auf das Ranking haben, wobei die befragten SEO-Experten vor allem Kennzahlen von Twitter als wichtig ansehen. Bei der Marktbekanntheit geht es für die Befragten hauptsächlich um das Suchvolumen und die Verbreitung des Domainnamens bzw. der Marke auf renommierten Webpräsenzen Dritter. Bei der Betrachtung von Traffic-Daten auf Seitenebene sollte der Fokus laut Expertenmeinungen auf der Klickrate in den SERPs und die Absprungrate gehen. Die technisch-semantischen Daten beschränken sich im Wesentlichen auf die interne Verlinkung sowie die Anzahl an Buchstaben auf einer Seite. Andere Elemente können nicht durch eine genügend hohe Korrelation als eindeutig mit dem Ranking verknüpft identifiziert werden. SEO-Experten gewichten zusätzlich zur internen Verlinkungsstruktur die Verfügbarkeit von Unique Content sowie dem Alter einer Seite relativ hoch.

Um eine zielführende SEO-Strategie betreiben zu können, sollten alle Datenquellen, die Hinweise zum Rankingalgorithmus liefern, betrachtet werden. Neben den drei hier vorgestellten Ressourcen gibt es eine Vielzahl an Meinungen, Spekulationen und subjektiven Einschätzungen, über deren Vertrauenswürdigkeit rein subjektiv entschieden werden muss. Mit Bestimmtheit festhalten lässt sich, dass es keine allgemeingültige Optimierungsstrategie gibt. Ebenso sind Korrelation und Kausalität zu trennen.

[168]: Fishkin (2011c)

8 Fazit

8.1 Abschließende Betrachtung

Um das Thema Suchmaschinenoptimierung ganzheitlich zu überblicken, ist es notwendig, sich zunächst mit den Rahmenbedingungen des Internets vertraut zu machen. Neben den etablierten Marken aus der Offline Wirtschaft konnten sich auch weitere Geschäftsmodelle entwickeln, die sich im Wesentlichen auf die Vermarktung von Content spezialisiert haben. Die Rede ist von Internet-Portalen, die den Nutzern eine Orientierungshilfe zu einem oder mehreren spezifischen Themen bieten. Die Aggregation von Content ist dabei jedoch nicht einfach, denn kopierte Inhalte führen zu einem enormen Qualitätsverlust, sowohl für Internetnutzer als auch für Suchmaschinen, was dazu führte, dass Internet-Portale in vielen Bereichen der Contentgenerierung und -aggregation tätig sind.

Die Neuartigkeit und Vielschichtigkeit des Geschäftsfeldes Internet schlägt sich auch in den Werkzeugen des Online-Marketing-Mix nieder. Viele traditionelle Unternehmen mussten und müssen für eine erfolgreiche Online-Marketing-Strategie umdenken, weg von der früheren Werbung für die Masse hin zu einer individuelleren Werbestrategie über das Internet. Die Komplexität erhöht sich nicht nur durch die Individualisierung, sondern auch durch die Mehrseitigkeit von Internet-Märkten. Es ist dabei unabdingbar, dass Websitebetreiber ihre Online Werbepräsenz auffindbar machen. Dies geschieht zum größten Teil und gerade bei Portalen über das Suchmaschinenmarketing. Suchmaschinenwerbung (SEA) ist dabei die teurere aber besser kalkulierbare und kurzfristig umsetzbare Variante, um Traffic für die Website zu generieren. Die Suchmaschinenoptimierung ist eher ein dauerhaft angelegter und kontinuierlicher Prozess, bei dem man nicht in Werbekampagnen oder Fertigstellungsdaten denken sollte.

Um Suchmaschinenoptimierung erfolgreich in die Unternehmensstrategie einbinden zu können, sollte analog zur Offline Wirtschaft eine SEO-Branchenstrukturanalyse durchgeführt werden, die Keyword-Zielgruppen qualifiziert und Wettbewerbsverhältnisse aufzeigt. Der im Rahmen dieser Arbeit entwickelte Wert zur Beurteilung des Wettbewerbs bietet dabei den Vorteil, dass man seine Konkurrenten identifizieren und bei automatischer Berechnung überwachen kann. Nachdem das Umfeld genauer betrachtet wurde, sollte eine genaue Keyword-Analyse erfolgen, da die Schlüsselwörter darüber entscheiden ob die relevanten Zielgruppen von der Website erreicht werden können. Es ist sinnvoll regelmäßige Keyword-Analysen durchzuführen, um den richtigen Zielgruppenfokus einer Website zu gewährleisten. Gerade durch Longtailoptimierung ist auch in diesem Bereich die steigende Komplexität des Geschäftsfeldes Internet zu spüren.

Die im Rahmen dieser Arbeit beschriebenen On- und Off-Page Faktoren sollten auch zukünftig kritisch in Betracht auf das individuelle Kosten-Nutzen-Verhältnis hinterfragt werden. Für Produzenten von originären Inhalten kann alleine die Qualität des Contents durch fachliche Expertise für ein gutes Ranking sorgen, die Crawlability der Inhalte vorausgesetzt. Nichtsdestotrotz sollte neben der Generierung von qualitativen Inhalten momentan noch vor allem der externe Linkaufbau von qualitativ hochwertigen Backlinks im Vordergrund stehen, wobei die sozialen Medien vor allem für jüngere Nutzer immer stärker das Empfehlungssystem über Backlinks ablösen. Die frühere SEO-Währung PageRank scheint somit an Wert zu verlieren. Dabei ist Vorsicht geboten, denn eine „schlechte Nachbarschaft“ durch Links kann genauso wie manipulative Versuche, die Position in den SERPs zu verbessern, zu einer – für manche Websites – existenzbedrohlichen Abstrafung führen.

8.2 Die Zukunft der Suche

Die Zukunft der Suche ist sozial. Das war deutlich auf der Online-Marketingmesse DMEXCO 2011 in Köln zu spüren. Auch Google hatte einen Stand und der Vortrag mit dem Titel „The Future of Search“[169] erfreute sich über hohes Interesse seitens der Messeteilnehmer. Doch wie von Google üblich wurden keine SEO-Geheimnisse gelüftet, sondern die Vermutungen aller erhärtet. Soziale Medien bilden die Zukunft der Relevanzberechnung von Suchmaschinen. Sie sollen Kontext in die Suchergebnisse bringen und dadurch intelligent personalisierte und spezifische Ergebnisse liefern. Dabei werden Empfehlungen („+1“ oder „Gefällt-mir“) aus dem sozialen Umfeld eines Nutzers als besonders relevant betrachtet. Auch historische Daten, also persönliche Angaben über Hobbys, Lieblingsbücher, Essensgeschmack etc., die über soziale Netzwerke gesammelt werden sollen Suchergebnisse personalisierter gestalten. Denkt man das Szenario zu Ende, könnte zukünftig jeder eine andere Suchergebnisliste präsentiert bekommen und Suchmaschinenoptimierung wäre unmöglich ohne Einbezug sozialer Medien durchzuführen. Der Vorstand des Axel Springer Verlages äußerte auf der Messe seine Bedenken, ob ein Nutzer wirklich nur genau das Passende finden oder auch einmal über den Tellerrand hinausschauen will.

In FISHKINs Studie über Rankingfaktoren wurden die SEO-Experten befragt, welche Faktoren in Zukunft an Relevanz gewinnen. Auch sie nennen soziale Signale unter den Top Fünf Faktoren, die an Relevanz für ein gutes Ranking zulegen werden:[170]

1. Wert der Seite für den Nutzer.
2. Soziale Signale auf Seiten- und Domainebene
3. Traffic Daten (CTR, Absrungrate, etc.)
4. Usability (Content im Vergleich Werbung, Navigation, etc.)
5. Latente Semantik (Longtailoptimierung, Themenrelevanz, etc.)

Es wird sich noch zeigen, in welchem Ausmaß eine Implementierung sozialer Signale in den Rankingalgorithmus erfolgen wird und welche Auswirkungen dies auf die Umsetzung von SEO hat.

[169]: Dt.: Die Zukunft der Suche
[170]: Fishkin (2011d)

Quellenangaben

Literaturangaben

Anderson C. (2009): *Free - Kostenlos: Geschäftsmodelle für die Herausforderungen des Internets*, 1. Aufl., Frankfurt, Campus Verlag

Bailyn B.; Bailyn E. (2011): *Outsmarting Google SEO: Secrets to Winning New Business*, 1. Aufl., Que Biz-Teq Verlag

Bischopinck Y.; Ceyp M. (2008): *Suchmaschinen-Marketing: Konzepte, Umsetzung und Controlling*, Berlin, 2 Aufl., Springer Verlag

Bliemel F., Fassot A. et al.(2000): *Electronic Commerce. Herausforderungen, Anwendungen, Perspektiven*, 3. Aufl., Wiesbaden, Gabler Verlag

Bogner T. (2006): *Strategisches Online-Marketing*, 1.Aufl., Wiesbaden, Deutscher Universitäts-Verlag Verlag

Chaters B. (2011): *Mastering Search Analytics: Measuring SEO, SEM and Site Search*, 1. Aufl., Sebastopol, O'Reilly Media

Clement R.; Schreiber D. (2010): *Internet-Ökonomie*, 1. Aufl., Berlin, Physika Verlag

Dohmann H.; Fuchs G. et al. Hrsg.(2002): *Die Praxis des E-Business: technische, betriebswirtschaftliche und rechtliche Aspekte*, 1. Aufl., Wiesbaden, Vieveg und Sohn Verlagsgesellschaft

Düweke E.; Rabsch S. (2011): *Erfolgreiche Websites: SEO, SEM, Online-Marketing, Usability*, 1. Aufl., Bonn, Galileo Computing

Enge E., Spencer S. et al. (2009): *The Art of SEO*, 1. Aufl., Sebastopol, O'Reilly Media

Erlhofer S. (2011): *Suchmaschinen-Optimierung: Das umfassende Handbuch*, 5. Aufl., Bonn, Galileo Press

Fischer M. (2009): *Website Boosting 2.0: Suchmaschinen-Optimierung, Usability, Webseiten-Marketing*, 2. Aufl., Heidelberg, Hüthig Jehle Rehm Verlag

Gollas S. (2008): *Internetmarketing als Kommunikationsmethode zur Kundenakquisition*, 1. Aufl., Norderstedt, GRIN Verlag

Hassler M. (2010): *Web Analytics: Metriken auswerten, Besucherverhalten verstehen, Website optimieren*, 2. Aufl., Heidelberg, Verlagsgruppe Hüthig-Jehle-Rehm

Heim A. (2004): *Die Einflussnahme auf Trefferlisten von Internet-Suchdiensten aus marken- und wettbewerbsrechtlicher Sicht* in Schriften zum Informations-, Telekommunikations- und Medienrecht Band 32, Münster, LIT Verlag

Hettler U. (2010): *Social Media Marketing. Marketing mit Blogs, Sozialen Netzwerken und weiteren Anwendungen des Web 2.0*, 1. Aufl., München, Oldenbourg Wissenschaftsverlag

Hitzelberger F.; Huber F. (2010): Ratgeber Domain-Namen, 2. Aufl., Norderstedt, BoD Verlag

Jerkovic J. (2010): *SEO Warrior*, 1. Aufl., Sebastopol, O'Reilly Media

Keil A. (2011): *How to get noticed in Google: Introduction to Search Engine Optimisation in the Era of e-Retailing*, 1. Aufl., Norderstedt, Grin-Verlag

Kelly K. (1998): *New Rules for the New Economy*, 1 Aufl., New York, Penguin Group

Kelly K. (2001): *NetEconomy*, 1. Aufl., München, Econ Ullstein List Verlag

Koch D. (2008): *Optimierung: Website-Marketing für Entwickler*, 1. Aufl., München, Addison-Wesley Verlag

Kollman, T. (2009): *Online-Marketing: Grundlagen der Absatzpolitik in der Net Economy*, 1 Aufl., Stuttgart, Kohlhammer Verlag

Kotler P.; Armstrong G. et al (2010): *Grundlagen des Marketing*, 5. Aufl., München, Person Studium

Kotler P.; Bliemel F. et al. (2007): *Marketing-Management: Strategien für wertschaffendes Handeln*, 12. Aufl., München, Person Studium

Lammenett E. (2009), *Praxiswissen Online-Marketing*, 2. Aufl., Wiesbaden, Gabler Verlag

Langville A.; Meyer C. (2006): *Google's PageRank and Beyond: The Science of Search Engine Rankings*, Princeton, Princeton University Press

Lenz H. (2010): *Suchmaschinenoptimiert schreiben*, 1. Auflage, Konstanz, UVK Verlag

Levene M. (2010): *An Introduction to Search Engines and Web Navigation*, 2. Aufl., New York, John Wiley & Sons Inc.

Lindemann T. (2011), *Suchmaschinenoptimierung & Online-Marketing*, 1. Aufl., Books on Demand GmbH

Mankiw, N. G. (2001): *Grundzüge der Volkswirtschaftslehre*, 2. Aufl., Stuttgart, Schäffer Poeschel Verlag

Matula T. (2011): *Social Media Marketing Handbuch*, 1. Aufl., Berlin, epubli GmbH

Mercer D. (2002): *Das E-Marketing-Praxisbuch: was Sie über Online-Marketing wissen müssen*, 1. Aufl., Weinheim, Wiley VCH-Verlag

Musciano C.; Kennedy B. (2007): *HTML & XHTML - Das umfassende Handbuch, 5. Aufl.*, Sebastopol, O'Reilly Media

Odom S. (2011): *SEO For 2011: Search Engine Optimization Secrets*, 1. Aufl., Bloomington, Xlibris Corp.

Perkins T. (2009): *Search Engine Optimization for Flash*, 1. Aufl., Sebastopol, O'Reilly Media

Plutchik R. (2002), *Emotions and Life: Perspectives from Psychology, Biology, and Evolution*, 1. Aufl., American Psychological Association

Porter M.; Brandt V. et al. (2008): *Wettbewerbsstrategie*, 11. Aufl., Frankfurt, Campus Verlag

Schuhmann M.; Hess T.(1999): *Medienunternehmen im digitalen Zeitalter*, 1. Aufl., Wiesbaden, Gabler Verlag

Schulz R. (2008): *HTML und CSS Praxisbuch*, 1. Aufl., Heidelberg, Verlagsgruppe Hüthig-Jehle-Rehm

Schwarz T. (2008): *Erfolgreiches Online Marketing Schritt für Schritt zum Ziel*, 1. Aufl., Müchen, Haufe Verlag

Shapiro P; Varian H (1999), *Information Rules: A Strategic Guide to the Network Economy*, 1. Aufl., Havard, Havard Business School Press

Small M.; Scott J. et al. (2005): *SEO Answer Book*, 1. Aufl., Bourne, SEO Press

Stieglitz S.; Lattemann C. et al. (2008): *Steuerung Virtueller Communities: Instrumente, Mechanismen, Wirkungszusammenhänge*, 1.Aufl., Wiesbaden, Gabler Verlag

Wenz C.; Hauser T. et al. (2003): *Das Website Handbuch: Programmierung und Design*, 1. Aufl., München, Pearson Verlag

Wirtz B. (2009): *Medien- und Internetmanagement*, 6. Aufl., Wiesbaden, Gabler Verlag

Wolf V. (2007): *E-Marketing*, 1. Aufl., München, Oldenburg Verlag

Fachzeitschriften

Doerje N. (2011): Des *Pudels Kern – User Bewertungen in Googles Universal Search* in Website Boosting # 09, S. 6-10

Ebach S. (2011): *Hey – willst du mich linken?* in Website Boosting # 09, S. 34-40

Hundt P. (2011): *SEMSEO & PubCon 2011* in Website Boosting # 08, S.16-20

Maier R. (2011): *Soziale Suche, Google +1 und mögliche Auswirkungen auf SEO* in Website-Boosting # 10, S. 25-29

Puscher F. (2008): *Erfolg durch Sichtbarkeit – Suchmaschinen-Werbung lohnt sich auch für kleine Unternehmen* in c't Magazin für Computertechnik, S.88-92

Online Ressourcen

Analysen aus Google Analytics (2011)
www.google.com/intl/de/analytics/, [Zugriff: 20.10.2011]

ARD, ZDF Online Studie (2011b): *Entwicklung Onlinenutzung*
http://www.ard-zdf-onlinestudie.de/index.php?id=onlinenutzung00, [Zugriff: 23.10.2011]

Broder A. (2000): *A taxonomy of web search*
http://www.sigir.org/forum/F2002/broder.pdf, [Zugriff: 23.10.2011]

BVDW (2011): *OVK ONLINEREPORT 2011/ 01 - Zahlen und Trends im Überblick*
http://www.bvdw.org/fileadmin/bvdw-shop/ovk-report-2011-2.pdf, [Zugriff: 17.11.2011]

Chatika (2010): *The Value of Google Result Positioning*
http://insights.chitika.com/2010/the-value-of-google-result-positioning/, [Zugriff: 24.11.2011]

comscore (2011b): *Media Metrix - comScore veröffentlicht Rankings für Nutzer-Engagement und Top-Internet-Unternehmen in Europa für März 2011*
http://www.comscore.com/ger/Press_Events/Press_Releases/2011/5/comScore_Releases_European_Engagement_and_Top_Web_Properties_Rankings_for_March_2011, [Zugriff: 23.10.2011]

comscore Studie (2011a): *Amazon Sites Visited by 1 in 5 Global Internet Users in June*
http://www.comscore.com/Press_Events/Press_Releases/2011/8/Amazon_Sites_Visited_by_1_in_5_Global_Internet_Users_in_June, [Zugriff: 23.10.2011]

comscore Studie (2010): *State of the Internet*
http://www.comscore.com/content/download/7213/124977/version/1/file/comScore+US+SOI+Q4+2010.pdf, [Zugriff: 03.11.2011]

Cutts M. (2005): *What's an update?*
http://www.mattcutts.com/blog/whats-an-update/, [Zugriff: 19.11.2011]

Cutts M. (2009a): *PageRank sculpting*
http://www.mattcutts.com/blog/pagerank-sculpting/, [Zugriff: 18.11.2011]

Cutts M. (2009b): *How much does a domain's age affect its ranking?*
http://www.youtube.com/watch?v=Y1_1NQWQJ2Q, [Zugriff: 23.11.2011]

Cutts M. (2010): *Does Google use data from social sites in ranking?*
http://www.google.com/support/webmasters/bin/topic.py?topic=8464, [Zugriff: 03.11.2011]

Cutts M. (2011a): *Qualities of a good site*
http://www.youtube.com/watch?v=v6xxcQdAHbI&feature=related, [Zugriff: 28.11.2011]

Cutts M. (2011b): *Do spelling and grammar matter when evaluating content and site quality?*
http://www.youtube.com/watch?v=qoFf6Kn4K98, [Zugriff: 27.11.2011]

Cutts M. (2011c): *Is there an advantage to using rel="canonical" over a 301 redirect?*
http://www.youtube.com/watch?v=zW5UL3lzBOA, [Zugriff: 03.11.2011]

Cutts M. (2011d): *How important is it to have keywords in a domain name?*
http://www.youtube.com/watch?v=rAWFv43qubI, [Zugriff: 01.12.2011]

Cutts M. (2011e): *Social is Key to SEO in 2011*
http://www.youtube.com/watch?v=2jYJV9zHy04, [Zugriff: 15.12.2011]

Dmoz: Die deutsche Startseite des internationalen Webverzeichnisses
www.dmoz.de , [Zugriff: 13.12.2011]

Duden Online (2011): *Googlen*
www.duden.de/rechtschreibung/googeln/ , [Zugriff: 23.10.2011]

EHI Studie (2010): *Der deutsche E-Commerce-Markt 2010*
http://www.handelsdaten.de/statistik/studie/id/3174/dokument/der-deutsche-e-commerce-markt-2010/ , [Zugriff: 26.12.2011]

Equiro (2005): *Enquiro Eye Tracking Report I: Google*

Fishkin R. (2009): *Illustrating the Long Tail*
http://www.seomoz.org/blog/illustrating-the-long-tail, [Zugriff: 26.12.2011]

Fishkin R. (2010): *The Search Engine Landscape in 2010*
http://www.seomoz.org/blog/search-engine-landscape-2010, [Zugriff: 26.12.2011]

Fishkin R. (2011): *2011 Search Engine Ranking Factors – Description for the Survey auf SEOmoz* http://www.seomoz.org/article/search-ranking-factors#methodology-1, [Zugriff: 26.12.2011]

Fishkin R. (2011): *2011 Search Engine Ranking Factors – Domain Level Link Authority Features — Correlated Data auf SEOmoz*
http://www.seomoz.org/article/search-ranking-factors#metrics-1, [Zugriff: 26.12.2011]

Fishkin R. (2011): *2011 Search Engine Ranking Factors – Page Level Link Based — Correlated Data auf SEOmoz* http://www.seomoz.org/article/search-ranking-factors#metrics-5, [Zugriff: 26.12.2011]

Fishkin R. (2011a): *2011 Search Engine Ranking Factors – Page Level Social Metrics — Correlated Data auf SEOmoz*
http://www.seomoz.org/article/search-ranking-factors#metrics-4, [Zugriff: 26.12.2011]

Fishkin R. (2011a): *Facebook + Twitter's Influence on Google's Search Rankings auf SEOmoz*
http://www.seomoz.org/blog/facebook-twitters-influence-google-search-rankings, [Zugriff: 26.12.2011]

Fishkin R. (2011b): *2011 Search Engine Ranking Factors auf SEOmoz*
http://www.seomoz.org/article/search-ranking-factors#overview, [Zugriff: 26.12.2011]

Fishkin R. (2011c): *2011 Search Engine Ranking Factors – Page Level Keyword Agnostic Features auf SEOmoz*
http://www.seomoz.org/article/search-ranking-factors#metrics-8, [Zugriff: 26.12.2011]

Fishkin R. (2011d): *2011 Search Engine Ranking Factors – Future of Search auf SEOmoz*
http://www.seomoz.org/article/search-ranking-factors#predictions-4, [Zugriff: 26.12.2011]

Fred Wilson (2006): *The Freemium Business Model*
http://avc.blogs.com/a_vc/2006/03/the_freemium_bu.html, [Zugriff: 15.11.2011]

Google (2011a): *Einführung in Suchmaschinenoptimierung*
http://static.googleusercontent.com/external_content/untrusted_dlcp/www.google.de/de/de/webmasters/docs/einfuehrung-in-suchmaschinenoptimierung.pdf , [Zugriff: 03.11.2011]

Google (2011b): *General Guidelines, Version 3.18*
http://www.mysql.lt/res/General_Guidelines-2011.pdf, [Zugriff: 23.12.2011]

Google Adwords
https://adwords.google.com/, [Zugriff: 09.11.2011]

Google Adwords Keyword-Tool
https://adwords.google.com/select/KeywordToolExternal, [Zugriff: 08.11.2011]

Google Places am Praxisbeispiel
http://maps.google.de/maps/place?cid=14831176242385259435&q=altenheim&hl=de&cd=10&cad=src:ppiwlink&ei=-kwJT8_zEY79_Aaa7NGkBw&dtab=2&action=open, [Zugriff: 19.11.2011]

Google Webmaster- Central (2009): *Google verwendet das "keywords"-Meta-Tag nicht beim Ranking* http://googlewebmastercentral-de.blogspot.com/2009/09/google-verwendet-das-keywords-meta-tag.html, [Zugriff: 24.11.2011]

Google Webmaster-Central (2010): *Verbesserte Indexierung von Flash-Inhalten* http://googlewebmastercentral-de.blogspot.com/2010/12/verbesserte-indexierung-von-flash.html , [Zugriff: 08.12.2011]

Google Webmaster-Tools
www.google.com/webmasters/tools/, [Zugriff: 08.11.2011]

Google Webmaster-Tools (2011a): *Grundlagen zu Google*
http://support.google.com/webmasters/bin/answer.py?hl=de&answer=70897, [Zugriff: 02.11.2011]

Google Webmaster-Tools (2011b): *Qualitätsrichtlinien*
http://support.google.com/webmasters/bin/answer.py?hl=de&answer=35769#3 , [Zugriff: 04.11.2011]

Google Webmaster-Tools (2011c): *Webmaster Richtlinien*
http://support.google.com/webmasters/bin/answer.py?hl=de&answer=35769#2, [Zugriff: 26.10.2011]

Google Webmaster-Tools (2011e):*Wirken sich +1 auf das Ranking meiner Website in der Suche aus?*
http://support.google.com/webmasters/bin/answer.py?hl=de&answer=1140194, [Zugriff: 04.01.2012]

Google(2011): *Verwenden der Webmaster-Tools*
http://support.google.com/webmasters/bin/topic.py?hl=de&topic=8464, [Zugriff: 03.11.2011]

Google: *Google Adwords Traffic Estimator*
https://adwords.google.com/o/Targeting/Explorer?__c=1000000000&__u=1000000000&__o=kt&ideaRequestType=KEYWORD_STATS#search.none, [Zugriff: 14.11.2011]

Guha R. (2006): *Search result ranking based on trust,* Patent Nr. US007603350B1, Google Inc. http://patft.uspto.gov/netacgi/nph-Parser?Sect1=PTO2&Sect2=HITOFF&u=%2Fnetahtml%2FPTO%2Fsearch-adv.htm&r=1&p=1&f=G&l=50&d=PTXT&S1=7,603,350.PN.&OS=pn/7,603,350&RS=PN/7,603,350, [Zugriff: 05.01.2011]

Hen C. (2009): *What Makes a Link Worthy Post - Part 2 auf SEOmoz*
http://www.seomoz.org/blog/what-makes-a-link-worthy-post-part-2, [Zugriff: 19.11.2011]

Hohenberger H. (2011): *„Neue Welten! Neue Medien! Neue Märkte?"*http*s://www.westfunk.de/wp-content/uploads/2011/05/westfunk-premium-partner-vortrag-hohenberger.pdf*, [Zugriff: 24.11.2011]

http://www.enquiro.com/whitepapers/pdf/enquiro-eye-tracking-report-I-google.pdf, [Zugriff: 08.11.2011]

JupiterResearch (2008): *iProspect Blended Search Results Study* http://www.iprospect.de/unsere-arbeit/online-marketing-studien/blended-search-results-study, [Zugriff: 08.11.2011]

Kirchhof E., Gurzki T. et al. (2004): »Was ist ein Portal? « Definition und Einsatz von Unternehmensportalen, Frauenhofer Institut http:*//www.e-business.iao.fraunhofer.de/Images/Was_ist_ein_Portal_tcm462-31434.pdf*, [Zugriff: 02.11.2011]

Kolibius (2001): *Online-Marketing für Bio-Produkte, Dissertation der Universität St. Gallen* http://www1.unisg.ch/www/edis.nsf/SysLkpByIdentifier/2583/$FILE/dis2583.pdf , [Zugriff: 17.11.2011]

Kronenberg H. (2011): *Infografik Link-Distribution* http://www.sistrix.de/news/1003-infografik-link-distribution.html , [Zugriff: 28.12.2011]

McGee M. (2011): *SMX Advanced Liveblog: 'You & A' Keynote With Google's Matt Cutts auf Searchengineland* http://searchengineland.com/smx-advanced-liveblog-you-a-keynote-with-googles-matt-cutts-80576, [Zugriff: 08.01.2012]

Meyers P. (2011): *Eye-Tracking Google SERPs auf SEOmoz* http://www.seomoz.org/blog/eyetracking-google-serps, [Zugriff: 25.11.2011]

Microsoft AdCenter https://adcenter.microsoft.com/ , [Zugriff: 09.11.2011]

Optify (2010): *The Changing Face of SERPs: Organic Click Through Rate* http://www.optify.net/wp-content/uploads/2011/04/Changing-Face-oof-SERPS-Organic-CTR.pdf, [Zugriff: 24.11.2011]

OVK - Online Vermarkterkreis (2011): *Werbeformen* *ovk2.bvdw.org/online-werbung/werbeformen.html* , [Zugriff: 17.11.2011]

Page L., Brin S. (1998): *The Anatomy of a Large-Scale Hypertextual Web Search Engine* http://ilpubs.stanford.edu:8090/361/1/1998-8.pdf, [Zugriff: 19.12.2011]

Riemer K., Totz C. (2005): *Der Onlinemarketingmix – Maßnahmen zur Umsetzung von Internetstrategien, Universität Münster* http://miami.uni-muenster.de/servlets/DerivateServlet/Derivate-4582/19_arbeitsberichte_internetoekonomie.pdf, [Zugriff: 17.11.2011]

Rochet J., Tirole J. (2003): *Platform Competition in Two-Sided Markets, Universität Toulouse,* http://idei.fr/doc/wp/2002/platform.pdf, [Zugriff: 24.11.2011]

Rose D., Mao J. et al. (2006): *Realtime indexing and search in large, rapidly changing document collections,* Patent Nr. US20060294086A1, Yahoo! Inc. http://appft1.uspto.gov/netacgi/nph-Parser?Sect1=PTO1&Sect2=HITOFF&d=PG01&p=1&u=%2Fnetahtml%2FPTO%2Fsrchnum.html&r=1&f=G&l=50&s1=%2220060294086%22.PGNR.&OS=DN/20060294086&RS=DN/20060294086, [Zugriff: 05.01.2011]

Sattler M.:): Ein Top-Ranking bei Google – worauf es ankommt
http:*//suchmaschinenoptimierung.michaelsattler.de/seo-colt.html*, [Zugriff: 05.11.2011]

SEOHandbuch.de (2011): *Exotische Top-Level-Domains für SEO-Projekte?*
http://www.seo-handbuch.de/suchmaschinen-suchmaschinenoptimierung/exotische-top-level-domains-fuer-seo-projekte , [Zugriff: 17.12.2011]

Seo-United (2011): *Suchmaschinen im Dezember 2011*
http://www.seo-united.de/suchmaschinen.html , [Zugriff: 03.01.2012]

Shepard C. (2011): *Experiments on Google+ and Twitter Influencing Search Rankings auf SEOmoz* http://www.seomoz.org/blog/do-tweets-still-effect-rankings, [Zugriff: 03.01.2012]

Slingshot (2011): *Establishing Google & Bing Click-Through Rates*
http://www.slingshotseo.com/resources/white-papers/google-ctr-study/, [Zugriff: 24.11.2011]

Statistisches Bundesamt(2011): *Ältere Menschen in Deutschland und der EU*
http://www.destatis.de/jetspeed/portal/cms/Sites/destatis/Internet/DE/Content/Publikationen/Fachveroeffentlichungen/Bevoelkerung/Bevoelkerungsstand/BlickpunktAeltereMenschen1021221119004,property=file.pdf , [Zugriff: 05.11.2011]

Tim Berners-Lee CERN (1992): *WorldWideWeb – Summary*
http://www.w3.org/History/19921103-hypertext/hypertext/WWW/Summary.html , [Zugriff: 15.11.2011]

Webhits (2011): *Web-Barometer*
http://www.webhits.de/deutsch/index.shtml?webstats.html , [Zugriff: 09.12.2011]

WebmasterPro (2011): *Suchmaschinen-Marktanteile und Nutzungsverhalten – Webanalyse*
http://www.webmasterpro.de/portal/webanalyse-suchmaschinen-marktanteile.html , [Zugriff: 17.11.2011]

Wikipedia (2011): *Löschregeln*
http://de.wikipedia.org/wiki/Wikipedia:L%C3%B6schregeln , [Zugriff: 20.11.2011]

Wohnen im Alter Internet GmbH (2011): *Über uns*
http://www.wohnen-im-alter.de/wohnen_im_alter_internet_gmbh.html, [Zugriff: 24.10.2011]

Yahoo Search Marketing Network
http://searchmarketing.yahoo.com/, [Zugriff: 09.11.2011]

A Anhang

A.1 Berechnung des seocom am Praxisbeispiel

Betrachtet man den Wettbewerb am Praxisbeispiel für das Google Suchergebnis der ersten Seite (y=1) der beiden relevanten Keywords „Altenheim München" und „Pflegeheim München" (i=2), erhält man für beide Suchanfragen zusammen 15 Suchergebnisse (a=15) im organischen Listing innerhalb der Website Suche, davon 10 unterschiedliche Websites (z=10). Jede Website (s) hat auf den beiden Suchergebnisseiten ein oder mehrere Rankings (a_s), wobei die Relevanz $\propto$ für jedes Keyword (i) bestimmt wird. www.wohnen-im-alter.de hat zwei Ergebnisse auf den beiden Suchergebnisseiten (o=2).

s		a_{s_1}	$\propto_{s_1}$	o	a_{s_2}	$\propto_{s_2}$	o
1	www.wohnen-im-alter.de	1	1	1	1	1	1
2	www.kliniken.de	1	1		2	1	
3	www.seniorplace.de	1	1		0	-	
4	www.brk-muenchen.de	1	0,5		0	0,5	
5	www.diemuenchner.de	1	1		1	1	
6	www.pflegehilfe.org	1	1		0	-	
7	www.betreut.de	1	1		0	-	
8	www.muenchen.de	1	0,5		1	0,5	
9	www.caritas-altenheim-st-michael-muenchen.de	0	-		1	0,5	
10	www.caritasaltenheime.de	0	-		1	0,5	
		a_{z_1}=8	$\sum_{s=1}^{10} \propto_{s_1} = 7$	1	$a(kw_2)$=7	$\sum_{s=1}^{10} \propto_{s_1} = 5$	1

Tab. 5: Berechnung des SEO-Wettbewerbs am Praxisbeispiel (seocom)

Der seocom berechnet sich wie folgt:

$$seocom_1 = \frac{(7-1)\times\frac{10}{8}+(5-1)\times\frac{10}{7}}{8+7} = \frac{7{,}5+5{,}71}{15} = 0{,}88\,.$$

A.2 Spekulation über die Berechnung des BadRank

Analog zur Berechnung des PageRank ließe sich auch eine Berechnung des BadRank (BR) treffen. Dabei wird der BadRank einiger Quellseiten (Engl.: Seeds) analog zum TrustRank manuell bestimmt oder durch den Crawler ermittelt. Somit gibt es ex ante bereits Träger dieser Brandmarkung als „Schlechte Nachbarschaft" (Engl.: Bad Neighborhood). Die Berechnung könnte wie folgt geschehen:

$$BR(A) = (1-d) + d \times \left(\sum_{i=1}^{n} \frac{BR(T_i)}{C(T_i}\right).$$

Mit

BR(A) als BadRank einer Internetseite A,

BR(T_i) als BadRank einer der externen Seiten(T_i), die per Hyperlink auf Internetseite A verweisen,

C(T_i) als Summe aller ausgehender Links auf Seite T_i

und d als Dämpfungsfaktor, für den gilt$0 < d < 1$.

A.3 Beispiel zum Wechsel von statischen zu dynamischen Seiten

Für die Sendung „Berlin direkt“ ermöglicht das ZDF einen einfachen Wechsel von statischer zu dynamischer Version als Mediathek basierend auf Flash. Dies kann Auffindbarkeit durch Suchmaschinen und ein positives Nutzererlebnis gleichzeitig ermöglichen.

Abb. A.1: Duale Nutzung von HTML und Flash am Beispiel ZDF[171]

Quelle: ZDF (2011): Website von Berlin direkt

A.4 Das F-Profil – Aufmerksamkeitsverteilung der Benutzer auf SERPs

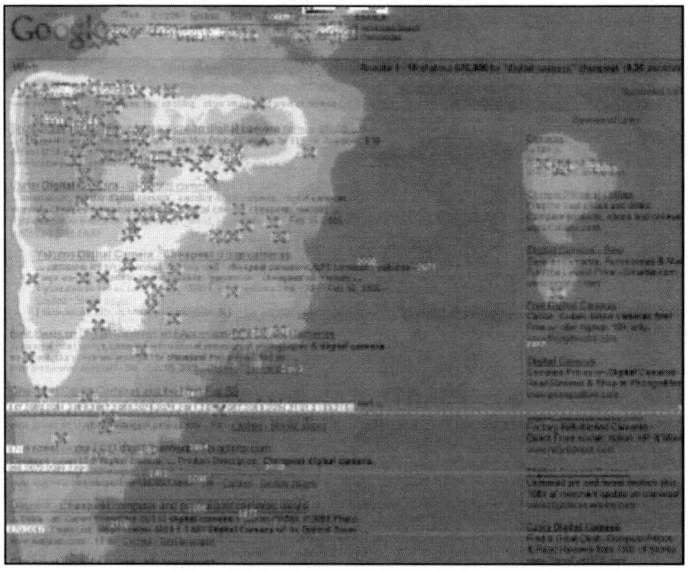

Abb. A.2: Das F-Profil auf Suchmaschinenergebnisseiten

Quelle: Enquiro (2005)

[171]: Suche nach „berlin direkt“ führt zur HTML Seite und von dort auf die als Flash-Version (10.12.2011)

A.5 Die natürlichen Linkpyramide

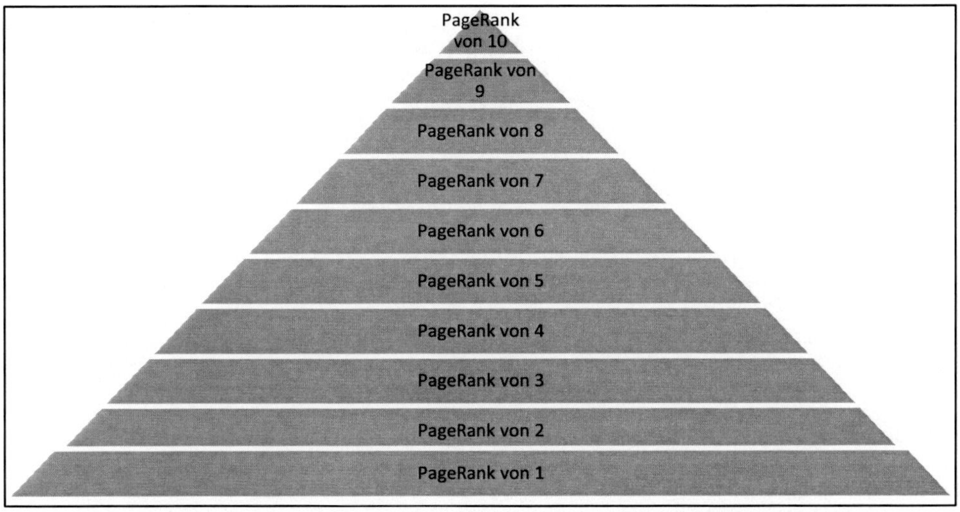

Abb. A.3: Ideales Linkprofil anhand der natürlichen Linkpyramide

Quelle: In Anlehnung an Düweke S., Rabsch S. (2011), S. 447

A.6 Probleme der Verknüpfung zwischen SEO und Social Media Marketing

Abb. A.4: Verknüpfung von Facebook-Präsenz und Website von Wohnen-im-Alter.de

Quelle: http://www.facebook.com/WohnenImAlter

In Abbildung A.4 erkennt man deutlich die Schwierigkeit eine effiziente Verknüpfung zwischen Website und Facebook Präsenz herzustellen. Der Link zur Website ist relativ versteckt. Ein Nutzer kommt eventuell über eine Empfehlung eines Kontaktes auf die Facebook Präsenz von Wohnen-im-Alter.de und findet größtenteils Veröffentlichungen mit Links zu Websites von Dritten. Durch eine ganzheitliche Strategie kann dies teilweise vermieden werden.

A.7 Ansichten des Google Webmaster Tools

Im Vergleich zu Google Analytics sind die Google Webmaster Tools sehr technisch aufgebaut, denn es handelt sich um Daten, die Google beim crawlen der Website gesammelt hat. Einige Kennzahlen, die man daraus extrahieren kann sind jedoch sehr hilfreich, vor allem wenn man sie mit anderen Datenquellen verknüpft. Dies ermöglicht teilweise Symptome, die man in anderen Analysetools festgestellt hat technisch näher zu analysieren. Für den Bereich Suchmaschinenoptimierung bieten die Google Webmaster Tools verschiedene Analysen in den Kategorien Website-Konfiguration, Ihre Website im Web, +1-Daten, Diagnose und Google Labs. Diese lassen sich wie in Abbildung A.2 dargestellt folgenden SEO-Themen zuordnen: Crawlability und Unique Content, Verlinkungsstruktur sowie Keywords und wichtige Seiten.

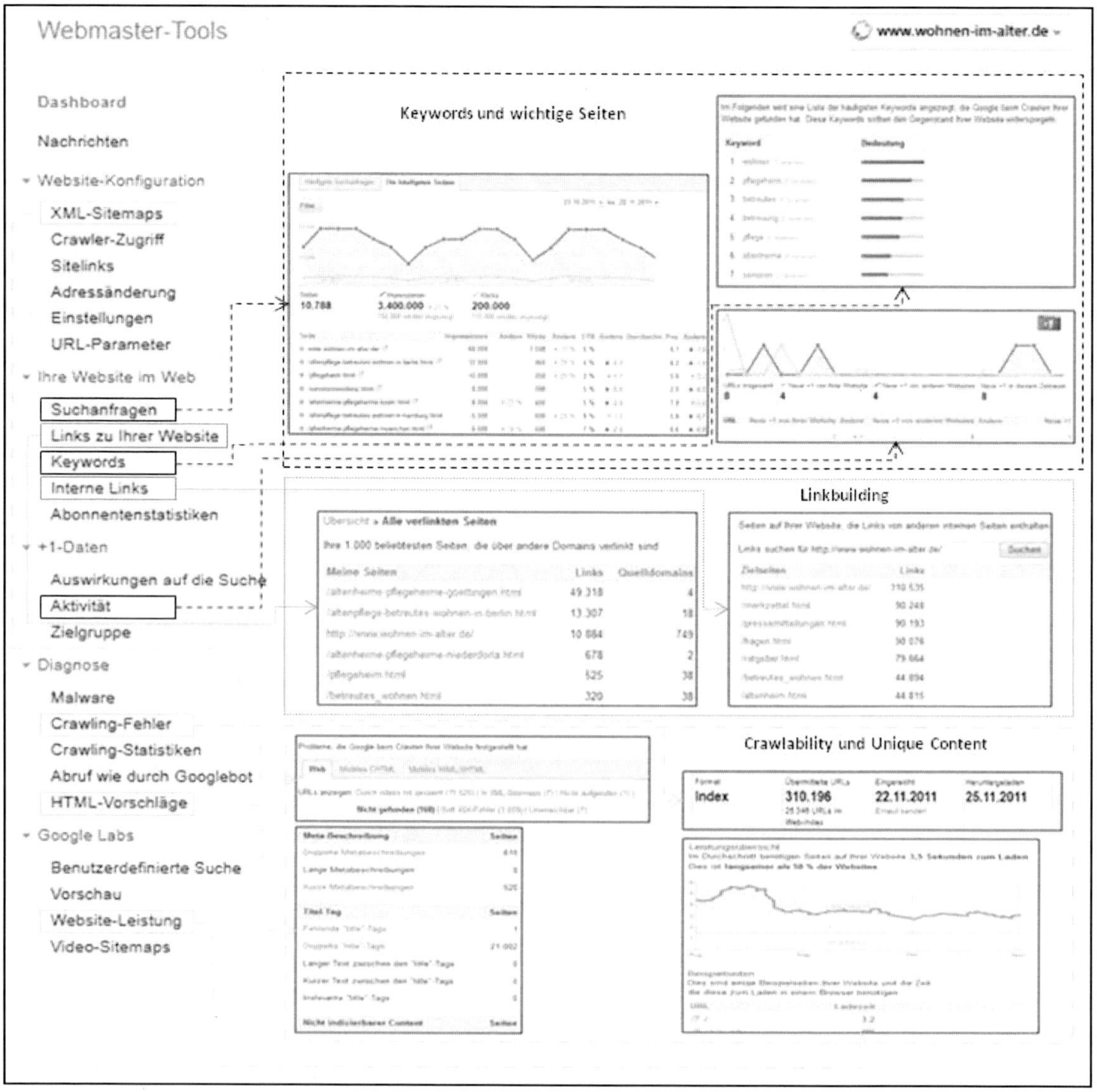

Abb. A.5: SEO-relevante Analysen in den Google Webmaster Tools

Quelle: Eigene Darstellung[172]

[172] : Wichtigste Ansichten der Google Webmaster Tools für SEO am Praxisbeispiel, 25.11.2011